JN299495

はじめての統計15講

小寺平治 著

講談社

序文 ●●●●●● 読者のみなさんへ

　朝，お母さん．よくかき混ぜてから，ほんの一口の味見で，味噌汁の味を決めます――**推定の基本**．

　また，県人会の旅行はどこにしようか．幹事役として，会員の意向把握に多忙です――**データの収集**．

　高三生の長女．4回の模試の成績から，第一志望校の合格圏内は，ちょっと無理かな．悩み多き18歳――**仮説検定**．

　お父さん．マイクを握ったら放さないカラオケ男．台風の日．カラオケ店がすいていたので〝風が吹けばカラオケ屋が儲かる〞って本当かな？　首をかしげています――**無相関検定**．

　気がつけば，この世には，統計が満ち溢れていますね．

　この本は，**統計学の入門書**です．

　これだけやれば・これだけはぜひ，という統計学のミニマル・エッセンス15項目を取り上げました．

　よくわかる――これが，この本のモットーです．

　ムズカシイ数学は不要ません．加減乗除と $\sqrt{}$ だけで十分です．

　しかし，この本は，単なるマニュアル本ではありません．

　難しい証明はありませんが，統計学を**一つのストーリー**として読んでいただけるように努めました．それに**ピッタリの具体例**．これらが，よくわかるための二大要素と思ったからです．

　講談社サイエンティフィクの大塚記央さんは，今回も，企画・編集・出版を，ともに歩んで下さいました．心よりありがとうを申し上げます．

2012年5月

　　　　　　　　　　　　　　　　　　　　　　　　　　　　小寺　平治

目次 ●●●●● これだけのことを学びます

第1章 記述統計と確率分布

- §1 度数分布 …………………… 2
- §2 代表値 ……………………… 8
- §3 分　散 ……………………… 14
- §4 相関係数 …………………… 20
- §5 確率変数 …………………… 28
- §6 正規分布 …………………… 36
- §7 二項分布 …………………… 44

第2章 推測統計序説

- §8 母集団と標本 ……………… 52
- §9 区間推定・1 ……………… 60
- §10 区間推定・2 ……………… 68
- §11 母平均の検定 ……………… 74
- §12 母分散・母比率の検定 …… 82
- §13 有意差検定 ………………… 88
- §14 適合度・独立性の検定 …… 96
- §15 無相関検定 ………………… 102

解答

- 演習問題の解または略解 ………… 110

付表

- 乱数表 …………………………… 120
- 標準正規分布表 ………………… 121
- t 分布のパーセント点 ………… 122
- χ^2 分布のパーセント点 ……… 123
- z 変換表 ………………………… 124
- 正規確率紙 ……………………… 125

プラスα	
"統計"の意味	5
"平均"て難しいの？	13
チェビシェフの定理	18
目で見る相関係数	22
相関関係は直線的関係	27
「⚀の出る確率＝1/6」の意味	49
乱数の作り方	59
自由度	65
t 分布の着想	67
母比率推定の標本サイズ	72
同じデータから正反対の結論	85
正規分布の再生性	93
2×2分割表	99
相関関係と因果関係	104
相関係数の推定・検定	109

● この本の本文・解答・付表の数値は，原則，四捨五入による近似値です．
● この本をテキストとして使用される先生方へ：
　　各§は，1コマ(90分)をおよその目安にいたしました．
　　基本事項は "**ポイント**" としてまとめ，
　　　　　　定義には，■(ハコ)をつけ，
　　　　　　定理には，●(マル)をつけました．

第1章　記述統計と確率分布

　アンケート調査・実験データ・抜き取り検査などによって,
興味あるデータを入手する
ことから,統計解析がはじまります.興味あるデータであるからこそ,
データを分析したい
との意欲がわくのです.データをよく見て,その特徴を見抜きましょう.
　この章では,まず,データの整理法を学びます.
　統計学の関心は,個々のメンバーの特徴や性質ではありません.
全体の状況・全体の傾向
なのです.それを知る基本は,分布の型とその代表値・散布度です.
　この章では,**平均・分散**,そして,確率分布の二大横綱,**正規分布・二項分布**について見ていきます.

§1 度数分布

― データの整理は簡明に ―

変 量　たとえば，
(1)　新入生 N 人の身長を測定する．
(2)　ある市の有権者 N 人から支持政党をきく．
(3)　あるクラス N 人の数学の 5 点法による得点．
(4)　N 個の 100 円硬貨を同時に投げる．

このとき，いずれも，N 個のデータ(資料)が得られますが，着目する結果を**数値化**したものを**変量**といい，N を**データサイズ**(データの大きさ)といいます．これらの例でいえば，
(1)　身長の測定値．
(2)　各政党・無党派を，たとえば，$1, 2, \cdots, n$ と記す．
(3)　得点自身．
(4)　たとえば，表が出たら 1，裏が出たら 0 と記す．
のように，結果は数値化されます．

数学の得点のように，取り得る値が，離れ離れ(バラバラ)の値の場合を**離散変量**，身長のように，実数のある区間の場合を**連続変量**といいます．

▶注　変量を便宜上〝データ〟ということもあります．**この本でも**．

度数分布　変量は，表やグラフにすると，数学的処理にも，視覚的にも便利です．

身　長	人　数
$150 \sim 155^{\mathrm{cm}}$	2 人
$155 \sim 160$	9
$160 \sim 165$	26
$165 \sim 170$	10
$170 \sim 175$	3
計	50 人

得　点	人　数
1 点	4 人
2	6
3	25
4	10
5	5
計	50 人

これらの表をご覧下さい．度数分布表について説明しましょう．

変量の値を，いくつかの**階級(クラス)** に分割します．ただし，離散変量で取る値が少ないときは，個々の値を一つの階級と考えます．

I. 階級の作り方

（１）　階級数：分布の特徴がよく分かるように

$$\begin{cases} N：50 \text{ 前後} \implies 5 \sim 7 \text{ 個} \\ N：100 \text{ 前後} \implies 8 \sim 12 \text{ 個} \\ N：100 \text{ 以上} \implies 10 \sim 30 \text{ 個} \end{cases}$$

が，おおよその目安です．ただし，N はデータサイズです．

（２）　階級の幅：データの最大値と最小値の差を**範囲(レンジ)** とよび

$$\frac{\text{範囲}}{\text{階級数}} \text{ に近い整数か有限小数}$$

（３）　階級の端：データ値と一致しないように注意して下さい．

（４）　階 級 値：階級の中央値(両端の中点)．階級を代表する値です．

（５）　階級の度数：各階級に属するデータの個数を**度数**といいます．

II. 度数分布表の作り方

以上をまとめた一つの表を，データの**度数分布表**といいます．

必要に応じて，**相対度数・累積度数・累積相対度数**を追加することもあります．

[例]　前ページの身長の表から，次の度数分布表が得られます：

階　級	階級値	度数	相対度数	累積度数	累積相対度数
150 ～ 155	152.5	2	0.04	2	0.04
155 ～ 160	157.5	9	0.18	11	0.22
160 ～ 165	162.5	26	0.52	37	0.74
165 ～ 170	167.5	10	0.20	47	0.94
170 ～ 175	172.5	3	0.06	50	1.00
計	――	50	1.00	――	――

▶注　相対度数 $= \dfrac{\text{度　数}}{\text{データサイズ}}$，　累積度数 = 度数の累計

▶**参考** 度数分布表は，一般に，次の形です：

階級	階級値	度数	相対度数	累積度数	累積相対度数
$a_0 \sim a_1$	x_1	f_1	f_1/N	F_1	F_1/N
$a_1 \sim a_2$	x_2	f_2	f_2/N	F_2	F_2/N
$\vdots$	$\vdots$	$\vdots$	$\vdots$	$\vdots$	$\vdots$
$a_{n-1} \sim a_n$	x_n	f_n	f_n/N	F_n	F_n/N
計	—	N	1	—	—

ただし，$x_i = \dfrac{a_{i-1} + a_i}{2}$，$F_i = f_1 + f_2 + \cdots + f_i$

データサイズ N に対して，階級数 n の目安として，

$$n = 1 + \frac{\log_{10} N}{\log_{10} 2} = 1 + \frac{\log_{10} N}{0.3010} \quad \text{(スタージェスの公式)}$$

という有名な公式があります．

ヒストグラム　度数分布表を柱状グラフにしたものを，**ヒストグラム**といいます．前ページの身長の度数分布表をヒストグラムにすれば，次のようになります：

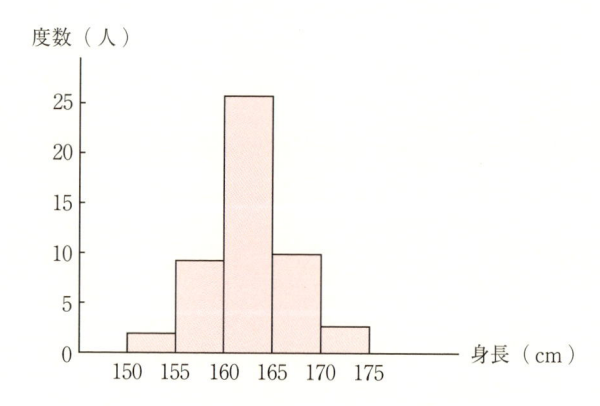

さらに，次を考えることもあります：

　　度数分布折れ線　…　ヒストグラムを折れ線で表現したもの
　　累積度数折れ線　…　累積度数を折れ線で表現したもの

度数分布折れ線 　　　　　　　　累積度数折れ線

プラスα　　　　　　　　"統計"の意味

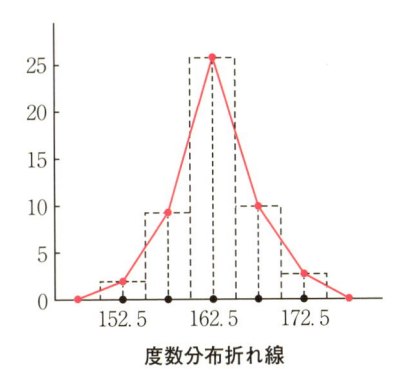

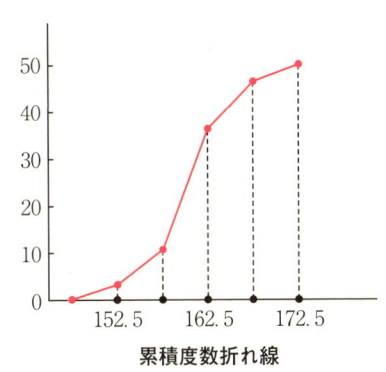

　たとえば，"料理"というとき，ふつう，二つの意味に使われていますね．

　「リエさんは，料理が上手だね．料理を習ったのかな」というとき，"料理"は，料理する**行動**でしょう．

　また，「アキラくんは，リエさんの料理が好きなんだ」というときの"料理"は，でき上がった**作品**（食べ物）です．

　"統計"にも，大きく分けて，二つの意味があります．

　データを収集し，数理的に分析処理し，問題解決に役立てようとするその**手法・プロセス**を，統計ということがあります．

　また，**集団的現象の特性を測った数値**，すなわち，**データ**そのものを統計とよぶこともあります．

　「アキラくんは，統計を勉強している」というときの統計は，おそらく"統計学"という**学問体系**か，その**授業題目**でしょう．

例題 1 — 度数分布表・ヒストグラム

次は，ある県立高校生 55 人の模試数学 I の得点(100 点満点)である：

51	31	75	81	40	92	52	65	64	43	35
62	75	53	65	80	85	63	92	39	72	66
45	52	59	73	39	55	53	40	85	49	56
55	75	96	35	53	62	45	44	65	75	43
50	45	55	75	60	45	58	33	44	60	50

（1） 度数分布表を作れ．
（2） ヒストグラム・累積相対度数折れ線をかけ．

[解答] （1） 範囲 ＝ (最大データ) − (最小データ)
$$= 96 - 31 = 65 \quad (点)$$

データサイズ ＝ 55 だから，たとえば，階級数 ＝ 7 とする．

$$階級幅 = \frac{範囲}{階級数} = \frac{65}{7} = 9.28 \cdots$$

階級幅は，この 9.28 に近い 10（点）にする．**10 点刻みは見やすく**，データの中に 100 点がないので，階級を次のように決める：

$$29.5 \sim 39.5,\ 39.5 \sim 49.5,\ \cdots,\ 89.5 \sim 99.5$$

階級値は，これらの各中点だから，

$$34.5,\ 44.5,\ \cdots,\ 94.5$$

点　数	集計（カウント）	人　数
30 点台	正 /	6 人
40	正　正 /	11
50	正　正 ////	14
60	正　正	10
70	正 //	7
80	////	4
90	///	3
計		55 人

したがって，度数分布表は，

階　級	階級値	度　数	相対度数	累積度数	累積相対度数
29.5 ～ 39.5	34.5	6	0.11	6	0.11
39.5 ～ 49.5	44.5	11	0.20	17	0.31
49.5 ～ 59.5	54.5	14	0.25	31	0.56
59.5 ～ 69.5	64.5	10	0.18	41	0.74
69.5 ～ 79.5	74.5	7	0.13	48	0.87
79.5 ～ 89.5	84.5	4	0.07	52	0.94
89.5 ～ 99.5	94.5	3	0.06	55	1.00
計	──	55	1.00	──	──

（2） ヒストグラム・累積相対度数折れ線は，次のようになる：

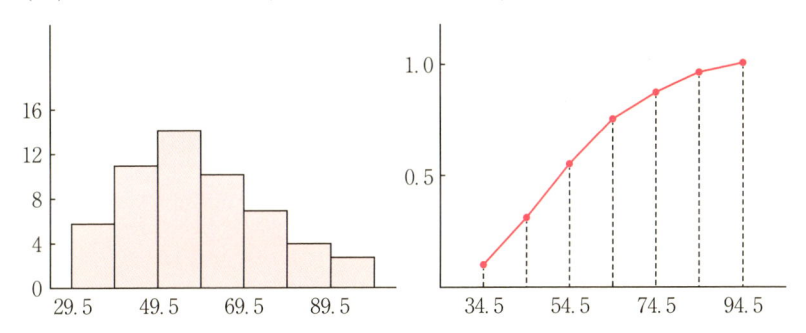

=== 演習問題 1 ===

次は，ある女子短大国文科 50 人の身長(cm 未満四捨五入)である：

160	159	164	158	156	169	153	154	159	161
157	157	151	159	166	145	155	161	161	150
158	164	165	157	158	160	162	165	159	155
162	155	154	157	165	157	154	163	162	158
169	155	160	164	158	159	149	154	156	155

（1） 階級値 146.5, 150.5, …, 170.5 の階級数 7 の度数分布表を作れ．
（2） ヒストグラム・累積度数折れ線をかけ．

§2 代表値

— "平均"は代表値の代表 —

平　均　データの分布状態の把握に度数分布表を作りました．

この§と次の§では，データ全体の位置を示す**代表値**，広がり具合を示す**散布度**を扱います．

代表値としては，まず，平均が考えられます．

[例]　下の表について，50人の平均点を求めましょう．

得　点	人　数
1点	4人
2	6
3	25
4	10
5	5
計	50人

50人の総得点は，次のようです：

$1 \times 4 = 4$
$2 \times 6 = 12$
$3 \times 25 = 75$
$4 \times 10 = 40$
$5 \times 5 = 25$
　　計　$= 156$（点）

したがって，50人の平均点は，

$$\frac{総得点}{人数} = \frac{156}{50} = 3.12 \text{（点）}$$

[例]　下の表について，50人の平均身長を求めましょう．

階　　級	階級値	度　数
$150 \sim 155$ cm	152.5 cm	2人
$155 \sim 160$	157.5	9
$160 \sim 165$	162.5	26
$165 \sim 170$	167.5	10
$170 \sim 175$	172.5	3
計	———	50人

　　身長の総和＝（各階級値×その度数）の総和

まず，階級ごとに身長の総計を考えますと，

   階級 150 〜 155   …   152.5 × 2 = 305.0
   階級 155 〜 160   …   157.5 × 9 = 1417.5
   階級 160 〜 165   …   162.5 × 26 = 4225.0
   階級 165 〜 170   …   167.5 × 10 = 1675.0
   階級 170 〜 175   …   172.5 × 3 = 517.5
   　　すべてを合計して，　　　　計　= 8140.0

したがって，50 人の平均身長は，

$$\frac{身長の総和}{度数の総和} = \frac{8140}{50} = 162.8 \text{（cm）}$$

一般に，度数分布表で与えられたデータの平均は，

■ ポイント 　　　　　　　　　　　　　　　　　　　平　均

$$平均 = \frac{（各階級値 \times その度数）の総和}{データサイズ} \quad （データサイズ = 度数の総和）$$

▶参考

階級値 x	x_1	x_2	…	x_n	計
度数 f	f_1	f_2	…	f_n	N

のとき，x の**平均** $\bar{x}$ は，

$$\bar{x} = \frac{x_1 f_1 + x_2 f_2 + \cdots + x_n f_n}{N}$$

平均の性質　A, B, C 君のバイトの時給が，それぞれ，

   A：950 円　　B：900 円　　C：1150 円

だとしましょう．このとき，三人の平均時給は，

$$\frac{950 + 900 + 1150}{3} = \frac{3000}{3} = 1000 \text{（円）}$$

です．もし，時給が三人一律に 200 円アップしたとしますと，平均時給は，

$$\frac{(950 + 200) + (900 + 200) + (1150 + 200)}{3}$$

$$= \frac{(950 + 900 + 1150) + (200 + 200 + 200)}{3}$$

$$= \frac{950 + 900 + 1150}{3} + 200 = 1000 + 200 \quad (円)$$

のように，200円アップします．

また，時給が一律3割アップしたとしますと，平均時給も，

$$\frac{(950 \times 1.3) + (900 \times 1.3) + (1150 \times 1.3)}{3}$$

$$= \frac{950 + 900 + 1150}{3} \times 1.3$$

のように，3割アップです．これらの事実は，次のように一般化されます：

―― ● ポイント ―――――――――――――――――― 平均の性質 ――

（1） データ値がどれも a だけ増加 $\implies$ 平均も a だけ増加

（2） データ値がどれも b 倍になる $\implies$ 平均も b 倍になる

メディアン　データの中に，とくに他よりかけ離れた値があるときは，平均より実質的な代表値と考えられるものが，メディアンです．

―― ■ ポイント ―――――――――――――――――― メディアン ――

データを大小の順に並べたとき，ちょうど中央にある値を，**メディアン**または**中央値**という．

データサイズが偶数の場合は，中央の二つの値の平均をとる．

[例]　　　　データ　1, 4, 1, 4, 2, 1, 3, 5

を，大小の順に並べると，

$$1, 1, 1, 2, 3, 4, 4, 5$$

ですから，真ん中の4番目，5番目の平均

$$\frac{2+3}{2} = 2.5$$

が，メディアンです．

▶注　データが度数分布表で与えられたときは，累積度数より，メディアンの属する階級を見出し，その区間にデータが**等間隔**に行儀よく並んでいると考えて，比例部分の法則によってメディアンを推測します．

モード　計算する必要のない代表値です．

=====■ ポイント==モード=====

　　最大度数のデータ値を，**モード**または**最頻値**，**並み数**という．度数分布表が与えられれば，最大度数の階級値です．

==

[例]　　　　データ　2, 3, 4, 6, 3, 5, 6, 1, 5, 5, 3, 4

は，3と5がともに最大度数をもつので，モードは，3と5です．

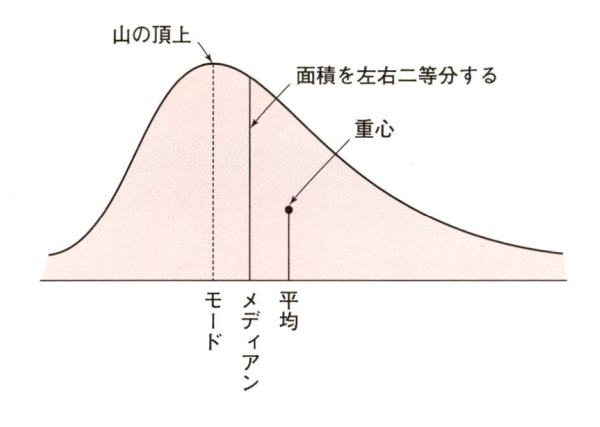

（図：山の頂上＝モード，面積を左右二等分する＝メディアン，重心＝平均）

―― **例題 2** ――――――――――――――――――――― 代表値 ――

階級値	22	24	26	28	30	計
度　数	1	2	10	5	2	20

（1）　上の表から，変量 x の度数分布表を作れ．

（2）　変量 x の平均 $\bar{x}$ を求めよ．

（3）　変量 x のモード x_0 および，メディアン $\tilde{x}$ を求めよ．

[解答]　（1）　階級・累積度数を入れる．　　◀階級値 ＝ 階級両端の中点

階　級	階級値	度　数	累積度数
21 ～ 23	22	1	1
23 ～ 25	24	2	3
25 ～ 27	26	10	13
27 ～ 29	28	5	18
29 ～ 31	30	2	20
計	――	20	――

（2）　$\bar{x} = \dfrac{(22 \times 1) + (24 \times 2) + (26 \times 10) + (28 \times 5) + (30 \times 2)}{20}$

　　　　$= 26.5$

（3）　モード $x_0 =$ 最大度数 10 の階級値 $= 26$

　メディアン $\tilde{x}$ は 20 個のデータの 10 番目と 11 番目の平均だから，10.5 番目のメンバーと考えると，これは，階級 25 ～ 27 に属する．この区間に，4 番から 13 番までのメンバーが**等間隔に分布している**と考える．下端 25 を 3.5 番目，上端 27 を 13.5 番目と考える．

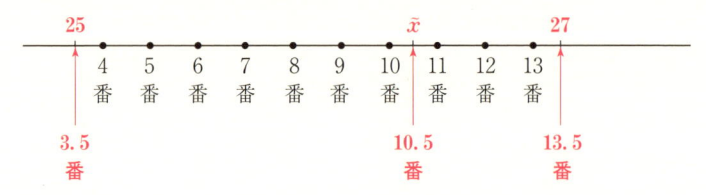

$$\frac{\tilde{x}-25}{10.5-3.5} = \frac{27-25}{13.5-3.5}$$

$$\therefore \quad \frac{\tilde{x}-25}{7} = \frac{2}{10}$$

$$\therefore \quad \tilde{x} = 25 + 7 \times \frac{2}{10} = 26.4$$

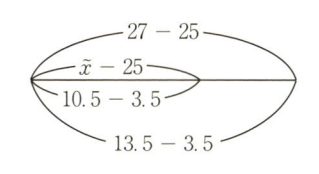

▶注 単純に，真ん中の1個または2個の**データが属する階級の階級値**をメディアンとよぶこともあります．この立場では，メディアンは26です．

プラスα　"平均"て難しいの？

新聞報道（2012.2.15 朝日）によれば，大学生の4人に1人が，平均の意味を正しく理解していないことが判明したというのです．

日本数学会が実施したテストで，「100人の平均身長が163.5 cm」の意味は，次の①〜③のいずれか，を問う問題です．

① 163.5 cm より高い人と低い人は，それぞれ50人ずついる．
② 全員の身長を合計すると，16350 cm になる．
③ 10 cm ごとに区分けすると，160〜170 cm の人が最も多い．

正解は，もちろん②ですよね．受験者は，国公私立大の1年生を中心とした5934人でした．正解率76%．

"平均"て，そんなに難しいものでしょうか．

=== 演習問題 2 ===

階級値	10	20	30	40	50	60	計
度数	10	3	2	4	6	15	40

（1）上の表から，変量 x の度数分布表を作れ．
（2）変量 x の平均 $\bar{x}$ を求めよ．
（3）変量 x のモード x_0 および，メディアン $\tilde{x}$ を求めよ．

§3 分散

――― 分散はデータのバラツキ具合 ―――

散布度 たとえば，リエさん・アキラくんの数学の成績は，次のようだったとしましょう：

リエさん： 50 70 30 50 （点）

アキラくん： 50 40 60 50 50 （点）

試みに，これらのデータから，ヒストグラムを作りますと，

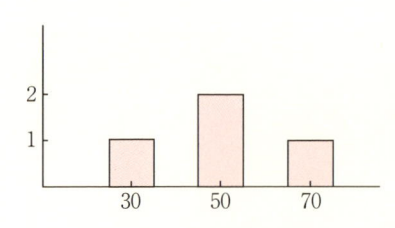

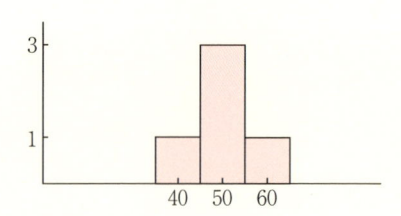

ところで，この二つの分布は，どちらの分布も，なんと，

$$\text{平均} = \text{メディアン} = \text{モード} = 50 \ (\text{点})$$

なのです．でも，ずいぶん様子の違う分布ですね．

この事実は，分布の特徴を知るのには，平均・メディアン・モードという**代表値だけでは不十分**であることを教えてくれます．

では，他に何が必要なのでしょうか．そうです．データの

バラツキ具合

です．このデータのバラツキ具合を，**散布度**といい，有名な**分散・標準偏差**さらに**四分偏差**などがあります．

分散 バラツキ具合を測るために，各データと平均との隔りを考えます．この隔りを"平均から偏って生じた差"なので**偏差**とよびます．

リエさんの場合，4回の得点は，

$$50, \ 70, \ 30, \ 50$$

で, 平均点は, 50（点）ですから, 偏差は,

$$50-50,\ 70-50,\ 30-50,\ 50-50$$

です. リエさんとアキラ君では, 試験回数（データサイズ）が異なるので, 偏差の平均を作るベキだ！　と, あわてて,

$$\frac{(50-50)+(70-50)+(30-50)+(50-50)}{4}$$

とやってはどうでしょう. 正・負（プラス・マイナス）がキャンセルして, ＝0 になってしまいます. そこで, 考え出されたのが, 偏差を"2乗する"ことなのです：

$$\frac{(50-50)^2+(70-50)^2+(30-50)^2+(50-50)^2}{4}$$

この値を, "分散", その平方根を"標準偏差"といいます.

一般に, 度数分布表で与えられたデータに対して,

■ ポイント ─────────────── **分散・標準偏差**

$$\text{分散} = \frac{(\text{各階級値} - \text{平均})^2 \times \text{その度数　の総和}}{\text{データサイズ}} = \text{偏差平方和の平均}$$

$$\text{標準偏差} = \sqrt{\text{分散}}$$

▶参考　x の分散 $= \sigma^2(x)$
　　　　x の標準偏差 $= \sigma(x)$（シグマ）

階級値	$x_1\ x_2\ \cdots\ x_n$	計
度　数	$f_1\ f_2\ \cdots\ f_n$	N

とかけば,

$$\sigma^2(x) = \frac{1}{N}\{(x_1-\bar{x})^2 f_1 + (x_2-\bar{x})^2 f_2 + \cdots + (x_n-\bar{x})^2 f_n\}$$

$$\sigma(x) = \sqrt{\sigma^2(x)},\ \text{ただし,}\ \bar{x} = x \text{の平均}$$

［例］　先ほどのアキラくんの成績について計算してみます. まず, 平均は,

$$\text{平均} = \frac{(40 \times 1) + (50 \times 3) + (60 \times 1)}{5}$$

$$= \frac{250}{5} = 50\ （点）$$

階級値	度　数
40	1
50	3
60	1
計	5

第1章　記述統計と確率分布

$$\text{分散} = \frac{(40-50)^2 \times 1 + (50-50)^2 \times 3 + (60-50)^2 \times 1}{5}$$

$$= \frac{100 + 0 + 100}{5} = 40$$

$$\text{標準偏差} = \sqrt{\text{分散}} = \sqrt{40} = \sqrt{2^2 \times 10} = 2\sqrt{10}$$

分散の性質　リエさん・アキラくんのバイトの時給が，

リエ：1000（円），アキラ：1300（円）

だとしましょう．

このとき，平均時給は，1150 円ですから，

$$\text{分散} = \frac{(1000-1150)^2 + (1300-1150)^2}{2} = 150^2$$

ところで，もし，時給が一律 200 円アップしたとすれば，両人の時給は，

リエ：1000 + 200（円），アキラ：1300 + 200（円）

で，平均時給は，1150 + 200（円）ですから，この場合の分散は，

$$\text{分散} = \frac{\{(1000+200)-(1150+200)\}^2 + \{(1300+200)-(1150+200)\}^2}{2}$$

$$= \frac{(1000-1150)^2 + (1300-1150)^2}{2} = 150^2$$

のように，分散は変わりません．

また，時給一律 3 倍支給という夢のような話があれば，平均時給も 3 倍になりますから，この場合の分散は，はたして，

$$\text{分散} = \frac{(1000 \times 3 - 1150 \times 3)^2 + (1300 \times 3 - 1150 \times 3)^2}{2}$$

$$= \frac{(1000-1150)^2 + (1300-1150)^2}{2} \times 3^2 = 150^2 \times 3^2$$

のように 3^2 倍になります．

この事実は次のように一般化されます：

――――●ポイント――――――――――――――平均の性質――

（1）データ値がどれも a だけ増加　$\Longrightarrow$　分散は変わらない

（2）データ値がどれも b 倍になる　$\Longrightarrow$　分散は b^2 倍になる

▶注　もっとも，分散は，データの"バラツキ具合"ですから，時給一律アップで分散が変わらないのは当然ですね．

また，一般に，次の性質も知られています：

===== ●ポイント ================== 平均・分散の平方関係 =====
$$\text{分散} = (\text{平方の平均}) - (\text{平均の平方})$$
==

念のため，次の簡単なデータについて確認しておきましょう：

$$10,\ 13$$

$$\text{分散} = \frac{1}{2}\left\{\left(10 - \frac{10+13}{2}\right)^2 + \left(13 - \frac{10+13}{2}\right)^2\right\} = \left(\frac{3}{2}\right)^2$$

(平方の平均) − (平均の平方)　　　　$(a \pm b)^2 = a^2 + b^2 \pm 2ab$

$$= \frac{10^2 + 13^2}{2} - \left(\frac{10+13}{2}\right)^2$$

$$= \frac{10^2 + 13^2}{2} - \frac{10^2 + 13^2 + 2 \times 10 \times 13}{4}$$

$$= \frac{10^2 + 13^2 - 2 \times 10 \times 13}{4} = \left(\frac{10-13}{2}\right)^2 = \left(\frac{3}{2}\right)^2$$

となり，上の公式は確かに成立しています．

　四分偏差　ある県出身野球選手8人の年間ホームラン数は，

$$9,\ 4,\ 7,\ 4,\ 35,\ 11,\ 8,\ 2\ (本)$$

でした．このように，**他とかけ離れたデータ**（これを**外れ値**といいます）がある場合は，平均・分散ともにピンとはね上ってしまいます．こんな場合，代表値としては，平均よりメディアンの方が適しています．

上のデータを小さい方から順に並べて，

$$2,\ 4,\ 4,\ 7,\ 8,\ 9,\ 11,\ 35$$

中央の二つのメンバーの平均が，メディアンです：

$$\text{メディアン} = \frac{7+8}{2} = 7.5$$

さて，データの下半分のメディアンをQ_1，上半分のメディアンをQ_3とかきます．

下半分：2, 4, 4, 7   上半分：8, 9, 11, 35

$Q_1 = \dfrac{4+4}{2} = 4$ $Q_3 = \dfrac{9+11}{2} = 10$

このとき，これらの**差の半分**

$$Q = \dfrac{Q_3 - Q_1}{2} = \dfrac{10-4}{2} = 3$$

を，**四分偏差**といいます．**例外メンバー(外れ値)**をもつデータの散布度として，よく用いられます．**手軽に求められる**のも大きな特徴です．

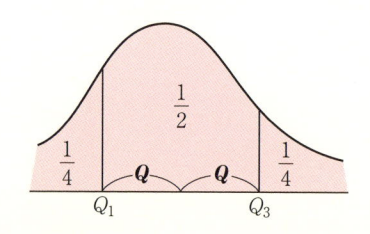

プラスα ─ チェビシェフの定理

分散はバラツキ具合を表わすものですから，分散が小さいほど，データ値は平均の近くに集中しています．

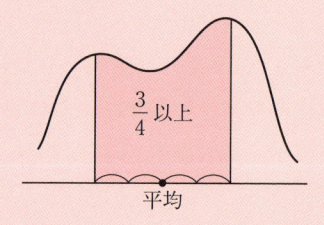

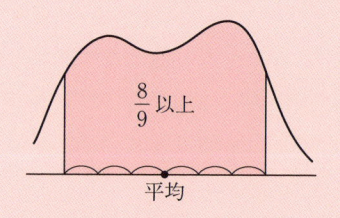

平均 ± 標準偏差 × 2 の範囲に，全体の $\dfrac{3}{4}$ 以上が入っている

平均 ± 標準偏差 × 3 の範囲に，全体の $\dfrac{8}{9}$ 以上が入っている

平均 ± 標準偏差 × k の範囲に，全体の $1 - \dfrac{1}{k^2}$ 以上が入っている

ことが知られています．

例題 3 — 分散・標準偏差

次のデータから，分散・標準偏差を求めよ：

階級値	30	40	50	60	70	計
度 数	2	4	14	12	8	40

[解答] まず，平均を計算する．

$$\text{平均} = \frac{(\text{各階級値} \times \text{その度数}) \text{ の総和}}{\text{データサイズ}}$$

$$= \frac{(30 \times 2) + (40 \times 4) + (50 \times 14) + (60 \times 12) + (70 \times 8)}{40}$$

$$= \frac{2200}{40} = 55$$

$$\text{分散} = \frac{(\text{各階級値} - \text{平均})^2 \times \text{その度数 の総和}}{\text{データサイズ}}$$

$$= \frac{1}{40}\{(30-55)^2 \times 2 + (40-55)^2 \times 4 + (50-55)^2 \times 14$$
$$+ (60-55)^2 \times 12 + (70-55)^2 \times 8\}$$

$$= \frac{1}{40} \times 4600 = 115$$

$$\text{標準偏差} = \sqrt{\text{分散}} = \sqrt{115} = 10.7$$

演習問題 3

次のデータから，平均・メディアン・分散・四分偏差を求めよ：

4, 1, 13, 5, 4, 2, 5, 7, 5, 2, 6, 6

§4 相関係数

―― 長身なら体重もあるか？ ――

散布図　次は，あるダンス教室のペア 10 組の身長（cm）です：

男性	165	170	168	172	169	164	162	172	170	168
女性	160	162	166	164	160	156	164	162	158	158

この表を図にしましょう．状況がよく分かります．ペアごとに，身長のペアを平面上に打点（プロット）してみましょう．このような図を，**散布図**または**相関図**といいます．

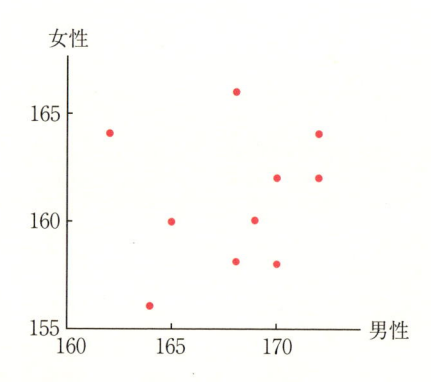

男性の身長が高ければ，パートナーの身長も高いといえるでしょうか．この図から，ハッキリではありませんが，なんとなくそんな傾向があるようにも見えますね．一般に，相関図の点の表わす変量について，

　　一方の変量が増加するとき，他方も増加傾向　⇔　**正の相関**がある
　　一方の変量が増加するとき，他方は減少傾向　⇔　**負の相関**がある
　　二つの変量のあいだに，いずれの傾向もない　⇔　**無相関**

といいます．たとえば，

　　正の相関　…　身長と体重
　　負の相関　…　山の高さと，そこでの気圧
　　無相関　　…　2 個のサイコロを投げたとき，それぞれの目の数

正の相関　　　　　　　負の相関　　　　　　　無相関

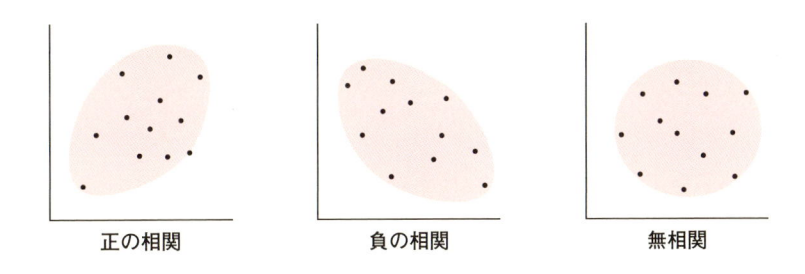

相関係数　二つの変量 x, y の関係の程度は，相関図からは，直観的印象しか得られません．この程度を**数値化**することを考えましょう．これが**相関係数**です．

変量 x の分散は，
$$x の偏差 = (データ値) - (平均) = x - \bar{x}$$
が大きければ大きいほど，データ値のバラツキが大きい，と考えたのでした．

今度は，二つの変量の関係ですから，**偏差の積**
$$(x の偏差) \times (y の偏差) = (x - \bar{x})(y - \bar{y})$$
を考えましょう．このとき，変量 x, y のあいだに，

　　正の相関がある　$\Longrightarrow$　多くのデータで，$(x の偏差) \times (y の偏差) > 0$
　　負の相関がある　$\Longrightarrow$　多くのデータで，$(x の偏差) \times (y の偏差) < 0$

となっているハズですから，この偏差の積の平均，すなわち，

$$(x の偏差) \times (y の偏差)\ の平均$$

が，x, y の"相関の程度"と考えられます．この値を，変量 x, y の**共分散**といいます．

ところが，この共分散は，変量 x, y を測る単位に依存しますので，偏差を標準偏差で割って，単位をもたない**無名数**にしたものを，x, y の**相関係数**といいます．

■ポイント　　　　　　　　　　　　　　　　　　　　　**共分散・相関係数**

（1）　共分散 $= (x の偏差) \times (y の偏差)$ の平均

（2）　相関係数 $= \dfrac{x の偏差}{x の標準偏差} \times \dfrac{y の偏差}{y の標準偏差}$ の平均

▶参考

変量 x	x_1 x_2 $\cdots$ x_n	$\sigma(x)$：x の標準偏差
変量 y	y_1 y_2 $\cdots$ y_n	$\sigma(y)$：y の標準偏差

のとき，共分散 $C(x, y)$，相関係数 $r(x, y)$ は，

$$C(x, y) = \frac{1}{n}\{(x_1 - \bar{x})(y_1 - \bar{y}) + \cdots + (x_n - \bar{x})(y_n - \bar{y})\}$$

$$r(x, y) = \frac{C(x, y)}{\sigma(x)\sigma(y)}$$

相関係数は，-1 から 1 までの値だけを取ります：
$$-1 \leqq 相関係数 \leqq 1$$

1 に近いほど，正の相関が強く，

-1 に近いほど，負の相関が強い．

相関係数 $=0$ は，相関関係なし（無相関）です．

プラスα ─ 目で見る相関係数 ─

相関係数を計算することも大切ですが，同時に，**相関図から相関係数を読みとる目**を養うことも大切です．料理の材料や荷物のおおよその重さを秤なしで見当がつけられるように．

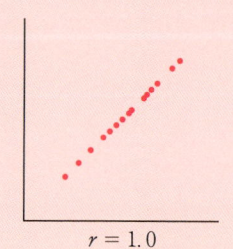

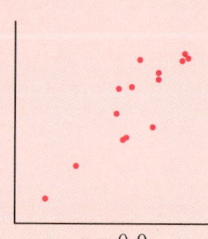

$r = 1.0$　　　$r = 0.9$

$r = 0.8$

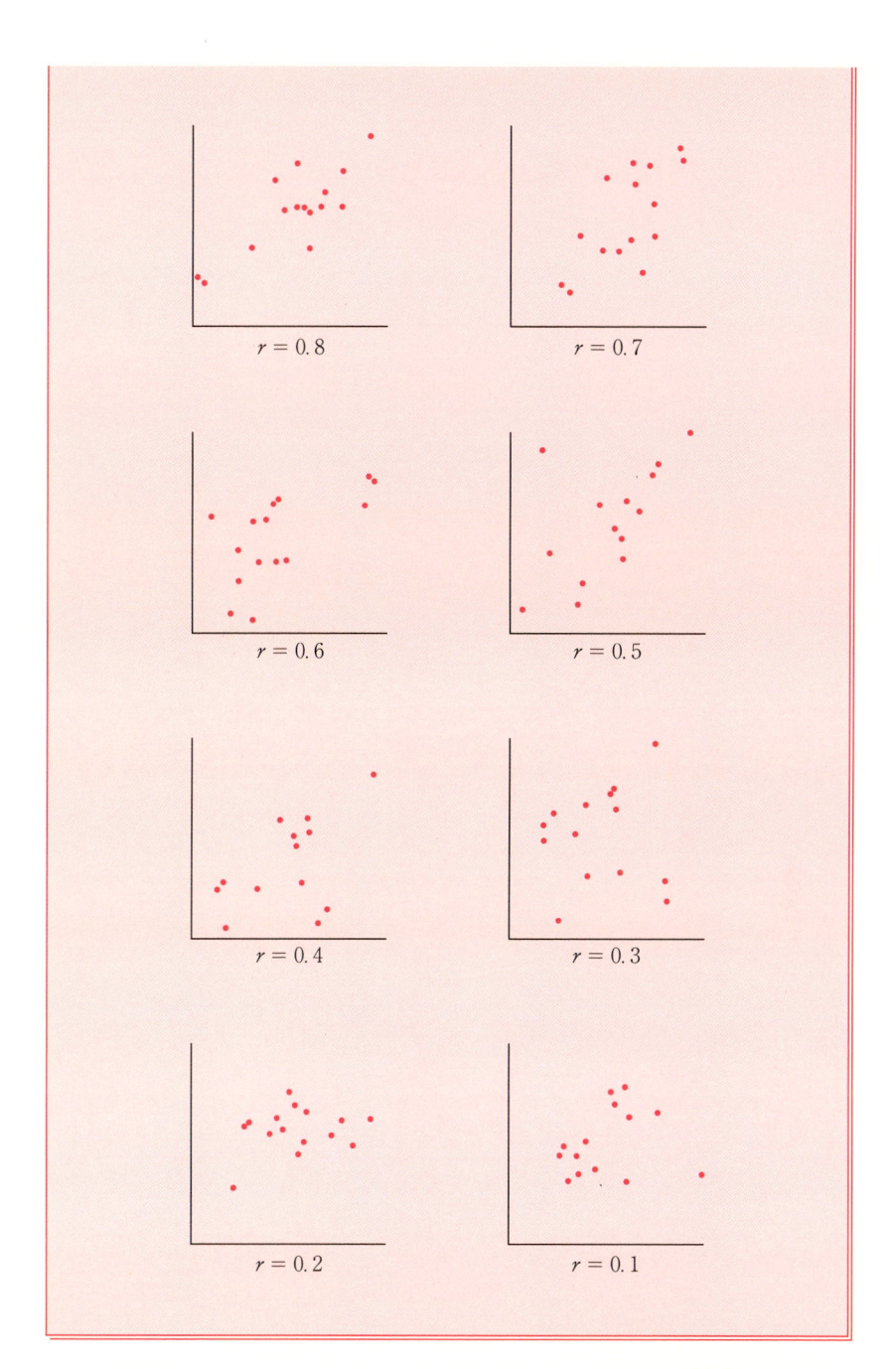

$r = 0.7$

$r = 0.6$

$r = 0.5$

$r = 0.4$

$r = 0.3$

$r = 0.2$

$r = 0.1$

共分散・相関係数の性質　共分散・相関係数には，次の性質があります．相関係数の具体的な計算は，本来の定義式でも，下の性質でもよく，どちらを用いるかは，**資料により判断**して下さい．

───── ● ポイント ─────────── 共分散・相関係数の性質 ─────

（1）　共 分 散 ＝（積の平均）－（平均の積）

（2）　相関係数 ＝ $\dfrac{(積の平均) - (平均の積)}{標準偏差の積}$

　　　ただし，標準偏差 ＝ $\sqrt{(平方の平均) - (平均の平方)}$

▶参考

変量 x	x_1 x_2 $\cdots$ x_n	$\bar{x} = (x_1 + x_2 + \cdots + x_n)/n$
変量 y	y_1 y_2 $\cdots$ y_n	$\bar{y} = (y_1 + y_2 + \cdots + y_n)/n$

のとき，

$$C(x,y) = \frac{x_1 y_1 + x_2 y_2 + \cdots + x_n y_n}{n} - \bar{x}\bar{y}$$

$$\sigma(x) = \sqrt{\frac{x_1^2 + x_2^2 + \cdots + x_n^2}{n} - \left(\frac{x_1 + x_2 + \cdots + x_n}{n}\right)^2}$$

$$\sigma(y) = \sqrt{\frac{y_1^2 + y_2^2 + \cdots + y_n^2}{n} - \left(\frac{y_1 + y_2 + \cdots + y_n}{n}\right)^2}$$

$$r(x,y) = \frac{C(x,y)}{\sigma(x)\,\sigma(y)}$$

この"共分散・相関係数の性質"の確認を兼ねて，ごく簡単な具体例をやってみましょう．

[例]　次のような変量 x, y の相関係数を求めよ：

変量 x	2	7	9
変量 y	4	3	8

[**解**] 二通りの方法を示す．

Ⅰ．次のような表を作る．ただし，①〜⑨は，計算順の一例である．

x	y	⑤ $x-\bar{x}$	⑥ $y-\bar{y}$	⑦ $(x-\bar{x})(y-\bar{y})$	⑧ $(x-\bar{x})^2$	⑨ $(y-\bar{y})^2$
2	4	-4	-1	4	16	1
7	3	1	-2	-2	1	4
9	8	3	3	9	9	9
18①	15②	0	0	11	26	14

$\bar{x} = x \text{の平均} = 18/3 = 6$③, $\bar{y} = y \text{の平均} = 15/3 = 5$④

$x, y \text{の共分散} = (x-\bar{x})(y-\bar{y}) \text{の平均} = 11/3 = 3.667$

$x \text{の分散} = x \text{の偏差平方和の平均} = 26/3 = 8.667$

$y \text{の分散} = y \text{の偏差平方和の平均} = 14/3 = 4.667$

$x, y \text{の相関係数} = \dfrac{\text{共分散}}{\text{標準偏差の積}} = \dfrac{3.667}{\sqrt{8.667}\sqrt{4.667}} = 0.58$

Ⅱ．次のような表を作る：

x	y	x^2	y^2	xy
2	4	4	16	8
7	3	49	9	21
9	8	81	64	72
18	15	134	89	101

$x, y \text{の共分散} = (\text{積の平均}) - (\text{平均の積})$
$\qquad = 101/3 - 6 \times 5 = 11/3 = 3.667$

$x \text{の分散} = (\text{平方の平均}) - (\text{平均の平方})$
$\qquad = (134/3) - 6^2 = 26/3 = 8.667$

$y \text{の分散} = (\text{平方の平均}) - (\text{平均の平方})$
$\qquad = (89/3) - 5^2 = 14/3 = 4.667$

これらは，上のⅠの結果と一致するから，相関係数も一致する．

例題 4 — 相関係数

次のデータから，変量 x, y の相関係数を求めよ：

x	165	170	168	172	169	164	162	172	170	168
y	160	162	166	164	160	156	164	162	158	158

[解答] x の平均，y の平均 を求める．

$\bar{x} = x \text{の平均} = \dfrac{1680}{10} = 168, \quad \bar{y} = y \text{の平均} = \dfrac{1610}{10} = 161$

次の表を作る：

x	y	$x - \bar{x}$	$y - \bar{y}$	$(x-\bar{x})(y-\bar{y})$	$(x-\bar{x})^2$	$(y-\bar{y})^2$
165	160	-3	-1	3	9	1
170	162	2	1	2	4	1
168	166	0	5	0	0	25
172	164	4	3	12	16	9
169	160	1	-1	-1	1	1
164	156	-4	-5	20	16	25
162	164	-6	3	-18	36	9
172	162	4	1	4	16	1
170	158	2	-3	-6	4	9
168	158	0	-3	0	0	9
1680	1610	0	0	16	102	90

$x, y \text{の共分散} = (x \text{の偏差}) \times (y \text{の偏差}) \text{の平均} = \dfrac{16}{10} = 1.6$

$x \text{の分散} = x \text{の偏差平方和の平均} = \dfrac{102}{10} = 10.2$

$y \text{の分散} = y \text{の偏差平方和の平均} = \dfrac{90}{10} = 9$

したがって，

$$\text{相関係数} = \dfrac{x \text{の偏差}}{x \text{の標準偏差}} \times \dfrac{y \text{の偏差}}{y \text{の標準偏差}} \text{の平均}$$

$$= \dfrac{x, y \text{の共分散}}{(x \text{の標準偏差}) \times (y \text{の標準偏差})}$$

◀公式

$$= \frac{共分散}{\sqrt{(x の分散) \times (y の分散)}}$$
$$= \frac{1.6}{\sqrt{10.2 \times 9}} = 0.166\cdots = 0.17$$

プラスα — 相関関係は直線的関係

次の変量 x, y を考えます：

x	-2	-1	0	1	2
y	4	1	0	1	4

暗算でも，x, y の

　　積の平均 = 平均の積

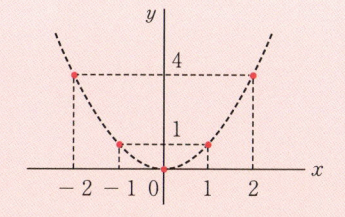

と分かりますから，相関係数 = 0（無相関）ですね．それなら，変量 x, y のあいだに何の関係もないのか，といえば，そうではありません．じつは，$y = x^2$ という "2次" の関係があります．

相関関係は，あくまで**1次の関係**で，無相関というのは，**直線的関係がない**ということです．

=== 演習問題 4 ===

次のデータから，変量 x, y の相関係数を求めよ：

x	2	4	9	1	6	8
y	7	8	10	3	11	9

§5 確率変数

取る値が偶然によって決まる変数

確率変数 いま，2枚の500円硬貨を投げたとき，表(オモテ)の枚数を X としますと，結果は，次の4通りで，**どれも同程度に期待**されます：

- 表 表 $\implies X = 2$
- 表 裏 $\implies X = 1$
- 裏 表 $\implies X = 1$
- 裏 裏 $\implies X = 0$

X の取る値は，2, 1, 0 だけで，これらの値を取る確率は，

$$P(X = 2) = \frac{1}{4}$$

◀ $X = 2$ となる確率を，$P(X = 2)$ とかく

$$P(X = 1) = \frac{2}{4}$$

$$確率 = \frac{特別な場合の数}{すべての場合の数}$$

$$P(X = 0) = \frac{1}{4}$$

また，ルーレットを回(まわ)して，はじめの位置から X 度 ($0 \leq X < 360$) の位置で止まったとしますと，X の取り得る値は，$0 \leq X < 360$ の範囲のすべての実数です．

針がどの位置に止まるかは，**どこも同様に確からしい**ので，たとえば，$60 \leq X \leq 90$ となる確率は，

$$P(60 \leq X \leq 90) = \frac{90 - 60}{360} = \frac{1}{12}$$

となります．

このように取る値が偶然によって決まり，決まり方の $P(X = a)$ とか，

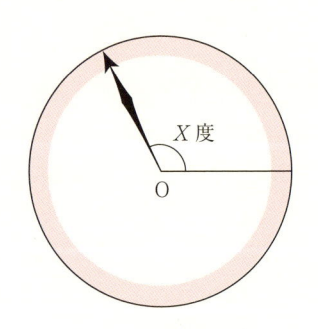

$P(a \leqq X < b)$ のような確率が定まっている変量 X を**確率変数**といいます.
　確率変数は,その取る値によって,二種類に分けられます:
離散的確率変数　…　取り得る値が**ポツポツ**
連続的確率変数　…　取り得る値が**ベッタリ**
上の例で,500円硬貨の場合は離散的,ルーレットの場合は連続的です.
　確率分布　確率変数 X と,実数 a, b に対して,
$$X \text{ が離散的ならば, } P(X = a)$$
$$X \text{ が連続的ならば, } P(a \leqq X < b)$$
を,X の**確率分布**または単に**分布**といいます.
　次に示すように,具体的には,離散的確率分布は**確率分布表**で,連続的確率分布は**確率密度曲線**(**分布曲線**)で表現するのが便利です.
　[例]　2枚の500円硬貨を投げたときの㋺の枚数 X の確率分布表は,

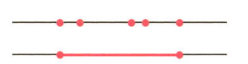

X	2	1	0	計
P	$\frac{1}{4}$	$\frac{2}{4}$	$\frac{1}{4}$	1

　[例]　ルーレットを回して,はじめの位置から X 度 $(0 \leqq X < 360)$ のところで止まったとすると,X の確率密度曲線(分布曲線)は,

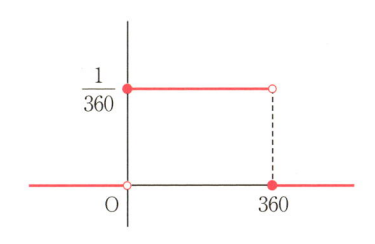

▶**参考**　一般に,確率分布表・確率密度曲線(分布曲線)は,

X	x_1	x_2	$\cdots$	x_n	計
P	p_1	p_2	$\cdots$	p_n	1

◀ $p_i = P(X = x_i)$
◀ $p_1 + p_2 + \cdots + p_n = 1$

第1章　記述統計と確率分布

> この面積が $P(a \leqq X < b)$

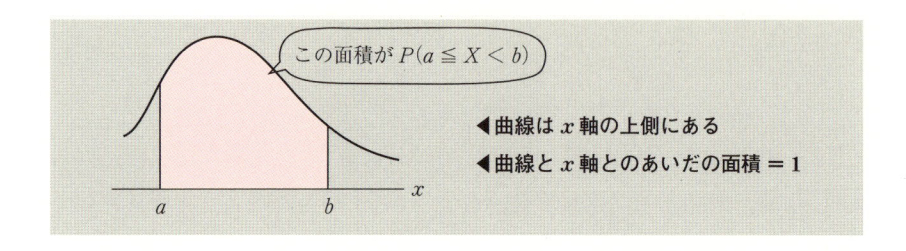

◀ 曲線は x 軸の上側にある
◀ 曲線と x 軸とのあいだの面積 $= 1$

期待値 右のようなくじを 1 本引いたとき，いくらの賞金が期待できるでしょうか？ 賞金総額は，

$10000 \times 1 = 10000$ （円）
$3000 \times 9 = 27000$
$500 \times 90 = 45000$

合計　82000（円）

講談㊅くじ		
1等	10000 円	1 本
2等	3000	9
3等	500	90
合　　計		100 本

ですから，くじ 1 本あたりの平均金額

$$\frac{\text{賞金総額}}{\text{くじの本数}} = \frac{82000}{100} = 820 \text{（円）}$$

が，期待金額と考えられます．

いま，試みに，上の計算を，

$$\frac{1}{100} \times \{(10000 \times 1) + (3000 \times 9) + (500 \times 90)\}$$
$$= \left(10000 \times \frac{1}{100}\right) + \left(3000 \times \frac{9}{100}\right) + \left(500 \times \frac{90}{100}\right)$$

とかいてみますと，

（各賞金額 × その確率）の総和になっていることに気がつきます．

一般に，離散的確率変数の期待値（平均値）を次のように定義します：

X	10000	3000	500	計
P	$\dfrac{1}{100}$	$\dfrac{9}{100}$	$\dfrac{90}{100}$	1

===== ■ポイント ===== **離散的確率変数の期待値（平均値）** =====

期待値 ＝（取る値 × その確率）の総和

▶**参考** X の期待値を $E(X)$ とかけば、
$$E(X) = x_1 p_1 + x_2 p_2 + \cdots + x_n p_n$$

X	x_1	x_2	$\cdots$	x_n	計
P	p_1	p_2	$\cdots$	p_n	1

次は、連続的確率変数の期待値です.

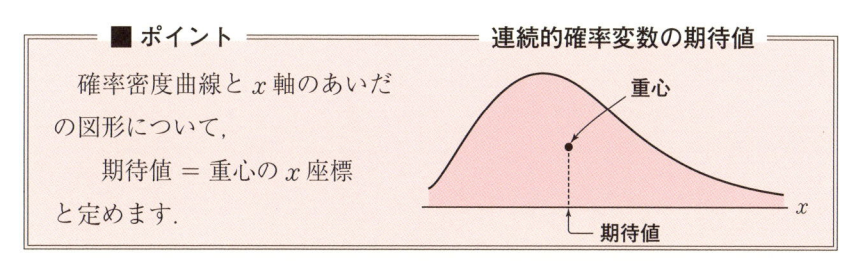

―― ■ ポイント ――――――― 連続的確率変数の期待値

確率密度曲線と x 軸のあいだの図形について、

　　期待値 = 重心の x 座標

と定めます.

（重心／期待値）

（ちょうど釣りあう点が重心。その x 座標が期待値なのね）

確率変数の性質　先ほどのくじで、賞金が一律 200 円プラスされたとしたら、どうでしょうか.

講談㊗くじプラス

1 等	10000 + 200　円	1 本
2 等	3000 + 200	9
3 等	500 + 200	90
合　　計		100 本

確率分布表は、

$X + 200$	10000 + 200	3000 + 200	500 + 200	計
P	$\dfrac{1}{100}$	$\dfrac{9}{100}$	$\dfrac{90}{100}$	1

第 1 章　記述統計と確率分布

ですから，この**講談㊙くじプラス**の期待金額は，

$$\left\{(10000+200)\times\frac{1}{100}\right\}+\left\{(3000+200)\times\frac{9}{100}\right\}+\left\{(500+200)\times\frac{90}{100}\right\}$$
$$=\underbrace{\left(10000\times\frac{1}{100}\right)+\left(3000\times\frac{9}{100}\right)+\left(500\times\frac{90}{100}\right)}_{\textbf{講談㊙くじの期待金額}}+200\times\underbrace{\left(\frac{1}{100}+\frac{9}{100}+\frac{90}{100}\right)}_{\text{確率の合計}=1}$$
$$=820+200\quad(\text{円})$$

となり，期待金額も 200 円アップした額になることが分かります．

同様にして，

> 賞金がどの等も一律 2 倍になれば，期待金額も 2 倍になる

ことも，ほぼ明らかでしょう．

●ポイント —————————————— **期待値の性質**

（1） X の値がどれも a だけ増加 $\implies$ 期待値も a だけ増加
（2） X の値がどれも b 倍になる $\implies$ 期待値も b 倍になる

▶**参考** $E(X+a)=E(X)+a$
$E(bX)=bE(X)$

X	x_1	x_2	$\cdots$	x_n	計
P	p_1	p_2	$\cdots$	p_n	1

分　散　変量 x の分散・標準偏差と同様に，確率変数についても，次のように定義されます：

■ポイント —————————————— **分散・標準偏差**

分　散 ＝ (変数値 − 期待値)² の期待値 ＝ 偏差平方値 の期待値
標準偏差 ＝ $\sqrt{分散}$

▶**参考**

X	x_1	x_2	$\cdots$	x_n	計
P	p_1	p_2	$\cdots$	p_n	1

$E(X)=\overset{\text{ミュー}}{\mu}$ とおく．
X の分散を $V(X)$ とかく．
$V(X)=(x_1-\mu)^2 p_1+\cdots+(x_n-\mu)^2 p_n=E[(X-\mu)^2]$
$\overset{\text{シグマ}}{\sigma}(X)=\sqrt{V(X)}$

確率変数のペア　くじを引いたときの賞金は，偶然によって決まるので確率変数です．いま，二種類のくじを引いたとき，

　　　　　　　一方のくじの賞金　　他方のくじの賞金

は，どちらも，他方に影響されません．このようなとき，二つの確率変数は**独立**であるといいます．サイコロ1個と，500円硬貨を同時に投げたとき，

　　　　　　　サイコロの目の数　　500円硬貨の裏表

も独立です（もちろん，表なら0，裏なら1のような数値化が必要）．

ところが，一組52枚のトランプから，1枚のカードを抜き取り，もどすことなく，さらに，1枚のカードを抜き取る場合，

　　　　　　　1回目のカードの数　　2回目のカードの数

は，独立ではありません．2回目は，1回目の結果に左右されますから．

▶**参考**　X, Y は**独立** $\iff$ すべての a, b に対して次が成立：
$$P(X = a \text{ かつ } Y = b) = P(X = a)P(X = b)$$

分散の性質　確率変数のペアについて，次が成立します：

●ポイント　　　　　　　　　　　　　**確率変数の和の期待値・分散**

二つの確率変数について，
 (1)　和の期待値 = 期待値の和
 (2)　二つの確率変数が**独立**ならば，
 　(i)　和の分散 = 分散の和
 　(ii)　積の期待値 = 期待値の積，共分散 = 0，相関係数 = 0
▶**注**　一般には，和の分散 = 分散の和 + 2×共分散

▶**参考**　(1)　$E(X + Y) = E(X) + E(Y)$
　　　　 (2)　X, Y が**独立**ならば，
　　　　　(i)　$V(X + Y) = V(X) + V(Y)$
　　　　　(ii)　$E(XY) = E(X)E(Y)$，$C(X, Y) = 0$，$r(X, Y) = 0$
　　　▶**注**　一般には，
$$V(X + Y) = V(X) + V(Y) + 2C(X, Y)$$

例題 5 — 分散の計算

1個のサイコロを2回投げたとき，大きい方の目の数を X とする．同じ目ならその数を X とする．

（1） X の確率分布表を作れ．
（2） X の期待値を求めよ．
（3） X の分散を求めよ．

[解答]（1） 1回目・2回目の「目」について，X の値は，次の表のようになる：

	⚀	⚁	⚂	⚃	⚄	⚅
⚀	1	2	3	4	5	6
⚁	2	2	3	4	5	6
⚂	3	3	3	4	5	6
⚃	4	4	4	4	5	6
⚄	5	5	5	5	5	6
⚅	6	6	6	6	6	6

したがって，X の確率分布表は，次のようになる：

X	1	2	3	4	5	6	計
P	$\frac{1}{36}$	$\frac{3}{36}$	$\frac{5}{36}$	$\frac{7}{36}$	$\frac{9}{36}$	$\frac{11}{36}$	1

◀約分不要

（2） 期待値 ＝（取る値 × その確率）の総和

$$= \left(1 \times \frac{1}{36}\right) + \left(2 \times \frac{3}{36}\right) + \left(3 \times \frac{5}{36}\right)$$
$$+ \left(4 \times \frac{7}{36}\right) + \left(5 \times \frac{9}{36}\right) + \left(6 \times \frac{11}{36}\right)$$
$$= \frac{1 + 6 + 15 + 28 + 45 + 66}{36} = \frac{161}{36} = 4.47$$

(3)　　　　　分散 ＝ (平方の期待値) − (期待値の平方)　　　◀公式

を用いる.

X^2	1^2	2^2	3^2	4^2	5^2	6^2	計
P	$\frac{1}{36}$	$\frac{3}{36}$	$\frac{5}{36}$	$\frac{7}{36}$	$\frac{9}{36}$	$\frac{11}{36}$	1

$$\text{分散} = \left\{\left(1^2 \times \frac{1}{36}\right) + \left(2^2 \times \frac{3}{36}\right) + \left(3^2 \times \frac{5}{36}\right)\right.$$
$$\left. + \left(4^2 \times \frac{7}{36}\right) + \left(5^2 \times \frac{9}{36}\right) + \left(6^2 \times \frac{11}{36}\right)\right\} - \left(\frac{161}{36}\right)^2$$
$$= \frac{791}{36} - \left(\frac{161}{36}\right)^2 = \frac{2555}{1296} = 1.97$$

演習問題 5

（1）　1個のサイコロを投げたときの目の数を X とする.

　（i）　X の確率分布表を作れ.

　（ii）　X の期待値を求めよ.

　（iii）　X の分散を求めよ.

（2）　3枚の500円硬貨を投げたとき，表(オモテ)の枚数を X とする.

　（i）　X の確率分布表を作れ.

　（ii）　X の期待値を求めよ.

　（iii）　X の分散を求めよ.

（3）　1個のサイコロを2回投げたとき，小さい方の目の数を X とする.
同じ目ならその数を X とする.

　（i）　X の確率分布表を作れ.

　（ii）　X の期待値を求めよ.

　（iii）　X の分散を求めよ.

§6 正規分布

確率分布の源泉

いろいろな分布 この§では，一番大切な"正規分布"を取り上げますが，その前に，代表的な分布の型（タイプ）を見ておきます．

■ 単峰対称型

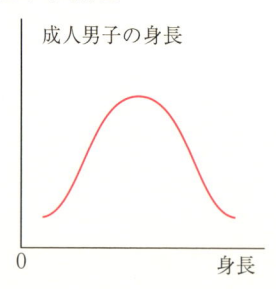

成人男子の身長

0　　　　　身長

■ 双峰型

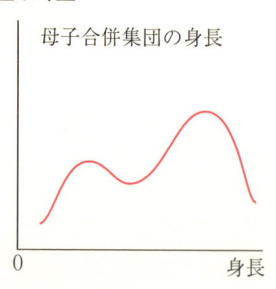

母子合併集団の身長

0　　　　　身長

■ 右へ尾を引く型

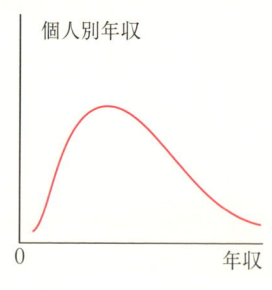

個人別年収

0　　　　　年収

■ 左へ尾を引く型

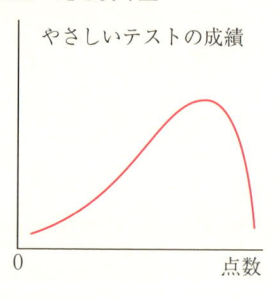

やさしいテストの成績

0　　　　　点数

■ U字型

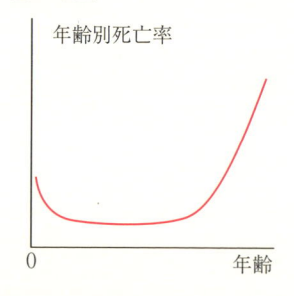

年齢別死亡率

0　　　　　年齢

■ L字(J字)型

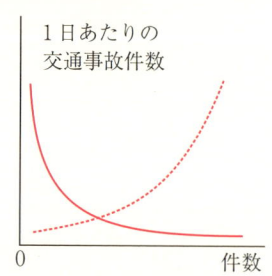

1日あたりの交通事故件数

0　　　　　件数

正規分布　ある県のある小学校新入生男子の身長の相対度数折れ線をかいてみます．小学校を，10校，20校，… 県全校　のように増やしますと階級の幅はだんだん小さくなり，相対度数折れ線は，ご覧のように，単峰対称型の曲線に近づいていきます：

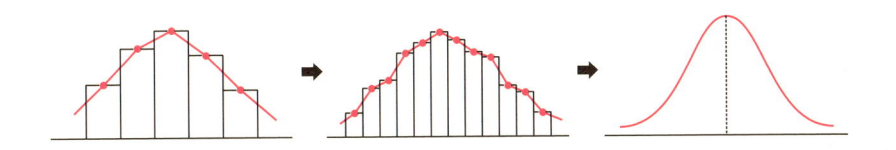

この曲線を**正規曲線**といい，この分布を**正規分布**とよびます．
一般には，次のような形です：

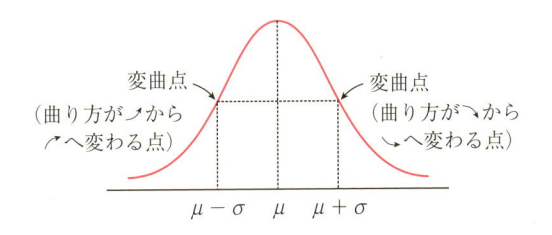

変曲点
（曲り方が╱から
╲へ変わる点）

変曲点
（曲り方が╲から
╱へ変わる点）

$\mu - \sigma$　μ　$\mu + \sigma$

この正規分布 (Normal distribution) について，

μ は 期 待 値

σ は 標 準 偏 差

になっています．正規分布は，期待値 μ と分散 σ^2 だけで決まってしまうので，$N(\mu, \sigma^2)$ とかきます．

▶注　μ, σ は，それぞれ，m, s に対応するギリシア文字です．

ミュー　　　　シグマ
μ　　　　σ

▶参考　正規分布 $N(\mu, \sigma^2)$ で，
　　$E(X) = \mu,\ V(X) = \sigma^2$
　　正規曲線の方程式は，右のようになります．

$$y = \frac{1}{\sqrt{2\pi}\,\sigma} e^{-\frac{1}{2}\left(\frac{x-\mu}{\sigma}\right)^2}$$

正規分布は最重要分布　正規分布は，ドイツの数学者 K. F. Gauss(ガウス)(1777～1855) が，土地の測量誤差の研究から導入したもので，次の点で，最重要分布なのです：

（1）測量誤差・成人男子の身長・毎年の雨量・…　自然現象，社会現象の多くは，正規分布に従う．

（2）データが多数の場合，多くの分布は正規分布で近似される．

▶注　先ほど"いろいろな分布"を示したように，正規分布に従わないものも多数あります．

ちなみに，ある分布が確率変数 X の確率分布であるとき，X はその分布に**従って分布する**（または単に X はその分布に**従う**）といいます．

正規分布と確率　正規分布 $N(\mu, \sigma^2)$ の期待値 μ，標準偏差 σ は，次の意味をもっています．

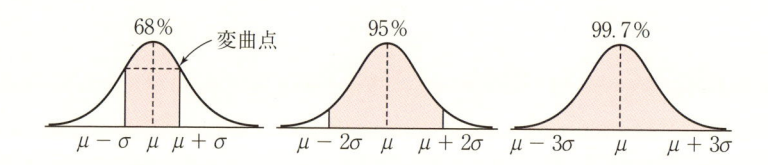

──●ポイント──────────────────正規分布と確率──

　X が正規分布 $N(\mu, \sigma^2)$ に従うとき，
　（1）$\mu - \sigma \leqq X \leqq \mu + \sigma$　となる X は，全体の約 68% ある．
　（2）$\mu - 2\sigma \leqq X \leqq \mu + 2\sigma$　となる X は，全体の約 95% ある．
　（3）$\mu - 3\sigma \leqq X \leqq \mu + 3\sigma$　となる X は，全体の約 99.7% ある．

［例］ ある県の小学校新入生男子約 35,000 人の身長 X は，平均 116.5 cm，標準偏差 5.0 cm の正規分布
$$N(116.5, (5.0)^2)$$
に従っているとしましょう．このとき，身長が
$$116.5 - 5.0 \leqq X \leqq 116.5 + 5.0 \quad (\text{cm})$$
すなわち，
$$111.5 \leqq X \leqq 121.5 \quad (\text{cm})$$
の児童は，全体 35,000 人のほぼ 68%，すなわち
$$35,000 \times 0.68 = 23,800 \quad (人)$$
ほど，ということになります．

標準正規分布 では，この小学校新入生のうち，身長が，たとえば，
$$112.0 \leqq X \leqq 120.9 \quad (\text{cm})$$
の範囲の児童は，何%ほどになるのでしょうか？

じつは，これは，容易に求められるのです．それは"数表"が用意されているからです．ところで，いろいろな平均 μ，分散 σ^2 に対して，正規分布 $N(\mu, \sigma^2)$ がありますが，それぞれの正規分布ごとに数表が作られているわけではありません．それは不可能です．**数表は，ただ一つ**
$$\text{平均} = 0, \quad \text{分散} = 1$$
の正規分布用のものだけです．この正規分布
$$N(0, 1)$$
を，**標準正規分布**とよびます．

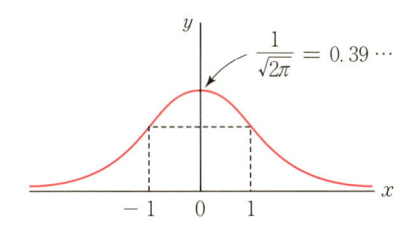

この標準正規分布用の数表を，**正規分布表**といいますが，**この表だけあれば十分**なのです．

それは，一般の正規分布に，

$$\frac{データ値 - 平均値}{標準偏差}$$

◀ $\dfrac{X-\mu}{\sigma}$

という操作を施すと，標準正規分布になってしまうからです．

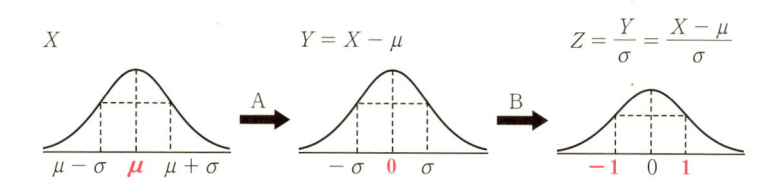

X $\xrightarrow{A}$ $Y = X - \mu$ $\xrightarrow{B}$ $Z = \dfrac{Y}{\sigma} = \dfrac{X-\mu}{\sigma}$

A：すべてのデータ値から平均値を引けば，それらの平均値は 0 です．

B：それらすべてを標準偏差で割ることは，横軸の尺度を標準偏差を単位として測ったことになります．

▶**参考** $E(X) = \mu$, $V(X) = \sigma^2$ としますと，

$$E\left(\frac{X-\mu}{\sigma}\right) = E\left(\frac{1}{\sigma}X - \frac{\mu}{\sigma}\right) = \frac{1}{\sigma}E(X) - \frac{\mu}{\sigma} = \frac{1}{\sigma}\mu - \frac{\mu}{\sigma} = 0$$

$$V\left(\frac{X-\mu}{\sigma}\right) = V\left(\frac{1}{\sigma}X - \frac{\mu}{\sigma}\right) = \left(\frac{1}{\sigma}\right)^2 V(X) = \left(\frac{1}{\sigma}\right)^2 \cdot \sigma^2 = 1$$

正規分布表の使い方　図の横軸の目盛 $z\,(\geqq 0)$ から，色地部分の面積を求めるものです．この面積は，しばしば，$I(z)$ と記されます．

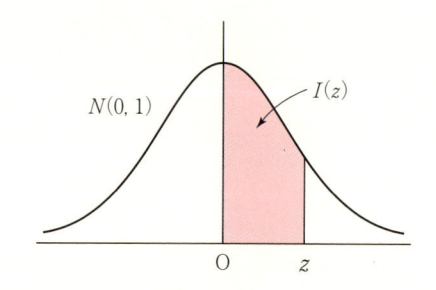

§6　正規分布

p.121 をご覧下さい．正規分布表は，次のようにできています：

→ 小数第2位

z	0.00	0.01	0.02	0.03	0.04
0.0	0.0000	0.0040	0.0080	0.0120	0.0160
0.1	.0398	.0438	.0478	.0517	.0557
0.2	.0793	.0832	.0871	.0910	.0948
0.3	.1179	.1217	.1255	.1293	.1331
0.4	.1554	.1591	.1628	.1664	.1700
0.5	.1915	.1950	.1985	.2019	.2054
0.6	.2258	.2291	.2324	.2357	.2389
0.7	.2580	.2612	.2642	.2673	.2704
0.8	.2881	.2910	.2939	.2967	.2996
0.9	.3159	.3186	.3212	.3238	.3264
1.0	.3413	.3438	.3461	.3485	.3508
1.1	.3643	.3665	.3686	.3708	.3729
1.2	.3849	.3869	.3888	.3907	.3925
1.3	.4032	.4049	.4066	.4082	.4099

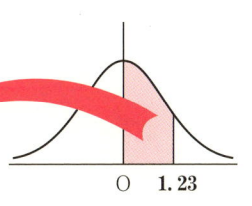

← 小数第1位まで

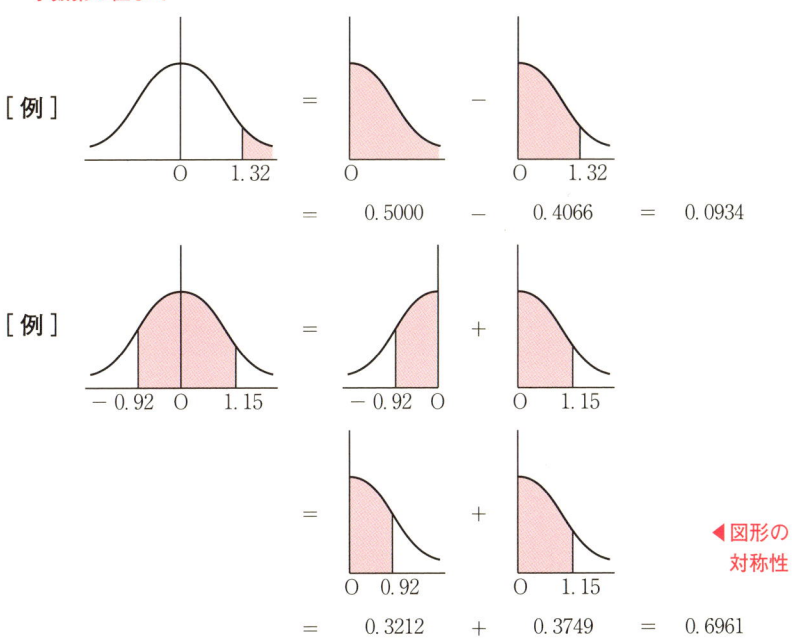

[例] $= 0.5000 - 0.4066 = 0.0934$

[例] $= 0.3212 + 0.3749 = 0.6961$

◀ 図形の対称性

例題 6 ━━━ 正規分布表の使用法

2012 年度大学入試センター試験，数学 IA の受験者 384,818 人の得点は，平均 69.97 点，標準偏差 19.98 点であり，正規分布に従うものとする．
（1） 75 〜 85 点の受験者は，ほぼ何人か．
（2） 得点上位 100,000 人目の得点は，ほぼ何点か．

[解答] 平均点：70.0 点　　標準偏差：20.0 点
として計算する．　　　　　　　　　　　　◀ 小数第 1 位までで十分

（1） 得点 X は，正規分布 $N(70.0, (20.0)^2)$ に従うから，
$$Z = \frac{X - 平均点}{標準偏差} = \frac{X - 70.0}{20.0}$$
は，標準正規分布 $N(0, 1)$ に従う．

$P(75 \leqq X \leqq 85)$
$= P\left(\dfrac{75 - 70.0}{20.0} \leqq \dfrac{X - 70.0}{20.0} \leqq \dfrac{85 - 70.0}{20.0}\right)$
$= P(0.25 \leqq Z \leqq 0.75)$
$= I(0.75) - I(0.25)$
$= 0.2734 - 0.0987$
$= 0.1747$

ゆえに，求める受験者数は，
　384818×0.1747
　$= 67,277.7$ （人）

したがって，ほぼ 67,000 人．

（2） 上から 100,000 人目の受験生は，上位
$$\frac{100000}{384818} = 0.260 \quad (26.0\%)$$
である．正規分布表で，
　$0.5 - 0.260 = 0.240$
の近くを探して，
　$I(\mathbf{0.64}) = \mathbf{0.2389}$

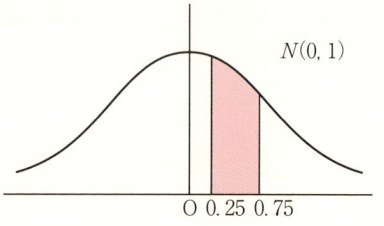

z	0.00	0.01	0.02	0.03	0.04	0.05	0.06
0.0	0.0000	0.0040	0.0080	0.0120	0.0160	0.0199	0.0239
0.1	.0398	.0438	.0478	.0517	.0557	.0596	.0636
0.2	.0793	.0832	.0871	.0910	.0948	.0987	.1026
0.3	.1179	.1217	.1255	.1293	.1331	.1368	.1406
0.4	.1554	.1591	.1628	.1664	.1700	.1736	.1772
0.5	.1915	.1950	.1985	.2019	.2054	.2088	.2123
0.6	.2258	.2291	.2324	.2357	**.2389**	.2422	.2454
0.7	.2580	.2612	.2642	.2673	.2704	.2734	.2764

したがって

$$\frac{X - 70.0}{20.0} = 0.64 \quad \therefore \quad X = 70.0 + 20.0 \times 0.64 = 82.8$$

ゆえに, 上位 100,000 人目の得点は, ほぼ, 83 点.

演習問題 6

2012 年度大学センター試験, 英語(筆記 200 点満点)の受験者 519,867 人の得点は, 平均点 124.15 点, 標準偏差 42.05 点であり, 正規分布に従うものとする.

（1） 100 ～ 140 点の受験者は, ほぼ何人か.
（2） 得点上位 100,000 人目の得点は, ほぼ何点か.

§7 二項分布

――― サイコロ投げの一般化 ―――

二項分布　たとえば，
サイコロを 10 回投げたとき，⚀は何回出るか．
10 円硬貨を 10 回投げたとき，表(オモテ)は何枚出るか．
これらを，一般化したのが"二項分布"です．

> ■ ポイント ――――――――――――――― 二項分布
>
> 1 回の試行で，ある事柄の起こる確率が p であるような試行を独立に何回か（n 回とする）くり返したとき，その事柄の起こる回数 X の分布を**試行回数** n，**生起確率** p の**二項分布**（Binomial distribution）といい，次のようにかく：
> $$Bin(n, p)$$

［例］　次の分布は，いずれも，二項分布 $Bin\left(10, \dfrac{1}{6}\right)$ です：
（1）　サイコロを 10 回投げたとき，⚀の出る個数 X の分布．
（2）　サイコロ 10 個を同時に投げたとき，⚀の出る個数 X の分布．

二項分布の期待値・分散　たとえば，サイコロを 10 回投げたとき，⚀が出るか否かによって，

$$X_1 = \begin{cases} 1 & (1\text{ 回目に⚀が出る}) \\ 0 & (1\text{ 回目に⚀が出ない}) \end{cases}$$

$$X_2 = \begin{cases} 1 & (2\text{ 回目に⚀が出る}) \\ 0 & (2\text{ 回目に⚀が出ない}) \end{cases}$$

$$\vdots$$

$$X_{10} = \begin{cases} 1 & (10\text{ 回目に⚀が出る}) \\ 0 & (10\text{ 回目に⚀が出ない}) \end{cases}$$

のような確率変数 $X_1, X_2, \cdots, X_{10}$ を考えます．このとき，これらの和
$$X = X_1 + X_2 + \cdots + X_{10}$$

は，どんな意味をもつでしょうか．たとえば，⚀が出たのが，2回目，4回目，9回目の計3回だったとしますと，
$$X = 0 + 1 + 0 + 1 + 0 + 0 + 0 + 0 + 1 + 0 = 3$$
こう考えますと，まさに，
$$X = サイコロを10回投げて⚀の出た回数$$
になっていますね．

次に，$X_1, X_2, \cdots, X_n$ の期待値・分散を求めましょう．たとえば，X_1 の確率分布表は右のようになりますから，

X_1	1	0	計
p	$\frac{1}{6}$	$\frac{5}{6}$	1

$$X_1 \text{の期待値} = \left(1 \times \frac{1}{6}\right) + \left(0 \times \frac{5}{6}\right) = \frac{1}{6}$$

同様に，$X_2, X_3, \cdots, X_{10}$ の期待値も，すべて，$1/6$ ですから，
$$X \text{の期待値} = X_1, X_2, \cdots, X_{10} \text{の期待値の和}$$
$$= \frac{1}{6} + \frac{1}{6} + \cdots + \frac{1}{6} = 10 \times \frac{1}{6}$$

したがって，次のようになっています：

期待値 ＝ 試行回数 × 生起確率

次に，分散を求めます．右の確率分布表から，

X_1^2	1^2	0^2	計
p	$\frac{1}{6}$	$\frac{5}{6}$	1

$$X_1^2 \text{の期待値} = \left(1^2 \times \frac{1}{6}\right) + \left(0^2 \times \frac{5}{6}\right) = \frac{1}{6}$$

したがって，
$$X_1 \text{の分散} = (\text{平方の期待値}) - (\text{期待値の平方})$$
$$= \frac{1}{6} - \left(\frac{1}{6}\right)^2 = \frac{1}{6}\left(1 - \frac{1}{6}\right)$$

同様に，$X_2, X_3, \cdots, X_{10}$ の分散も，すべて，$\frac{1}{6}\left(1 - \frac{1}{6}\right)$ です．

もちろん，$X_1, X_2, \cdots, X_{10}$ は **独立** ですから，
$$X \text{の分散} = X_1, X_2, \cdots, X_{10} \text{の分散の総和}$$
$$= \frac{1}{6}\left(1 - \frac{1}{6}\right) + \frac{1}{6}\left(1 - \frac{1}{6}\right) + \cdots + \frac{1}{6}\left(1 - \frac{1}{6}\right)$$

$$= 10 \times \frac{1}{6}\left(1 - \frac{1}{6}\right)$$

したがって，分散は，次のようになっています：

分散 = 試行回数 × 生起確率 × (1 − 生起確率)

どんな数値についても，以上と同様に，次が得られます：

● **ポイント** ──────────── 二項分布の期待値・分散 ──

二項分布について，
　　期待値 = 試行回数 × 生起確率
　　分　散 = 試行回数 × 生起確率 × (1 − 生起確率)

▶ **参考** $Bin(n, p)$ について，$E(X) = np$，$V(X) = np(1-p)$

二項分布の正規分布近似　二項分布は，試行回数を増やしていくと，しだいに正規分布に近づく，という大切な性質があります．サイコロ投げの回数を，10, 30, 90 回と増やしたときの状況は，右ページをご覧下さい．

● **ポイント** ──────────── ラプラスの定理 ──

　二項分布は，試行回数が十分に大きいときは，同じ期待値・分散の正規分布で近似される．

▶ **注**　試行回数があまり大きくないときは，$P(a \leqq X \leqq b)$ より，
$$P(a - 0.5 \leqq X \leqq b + 0.5)$$
として計算した方が近似の精度が高くなります．これを**半整数補正**といいます．

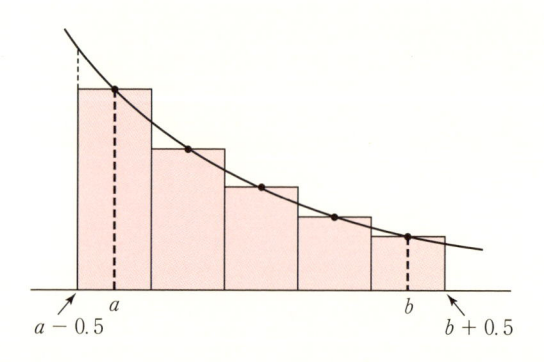

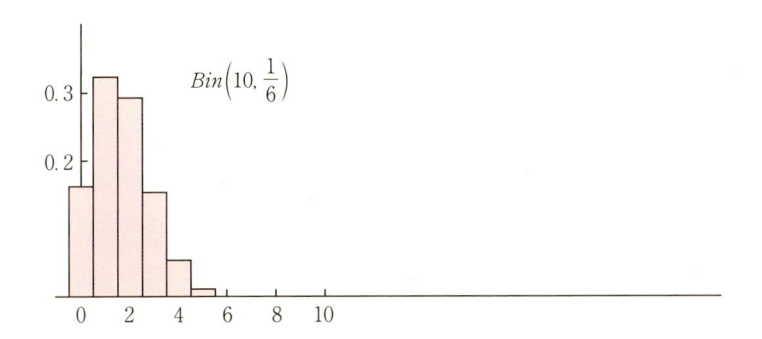

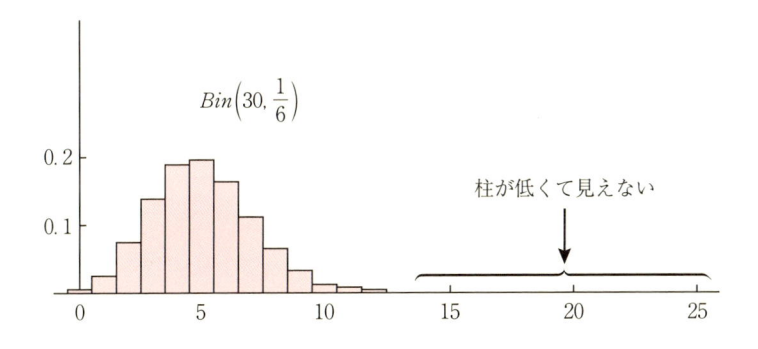

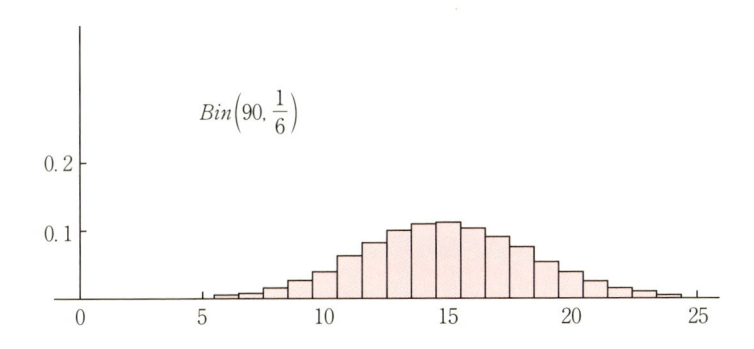

$Bin\left(10, \dfrac{1}{6}\right)$

$Bin\left(30, \dfrac{1}{6}\right)$

柱が低くて見えない

$Bin\left(90, \dfrac{1}{6}\right)$

例題 7 ───二項分布の正規近似───

一つのサイコロを180回投げるとき，1の目 ⚀ が，28 〜 33 回出る確率を求めよ．

[解答]　180回中 ⚀ の出る回数 X は，二項分布 $Bin\left(180, \dfrac{1}{6}\right)$ に従う．

期待値 = 試行回数 × 生起確率 = $180 \times \dfrac{1}{6} = 30$

分　散 = 試行回数 × 生起確率 × (1 − 生起確率)
$$= 180 \times \dfrac{1}{6} \times \left(1 - \dfrac{1}{6}\right) = 180 \times \dfrac{1}{6} \times \dfrac{5}{6} = 25 = 5^2$$

ところで，試行回数180は，**大きい**から，X は，この二項分布と**同じ期待値・分散**をもつ正規分布

$$N(30, 5^2)$$

に近似的に従う．次に，この正規分布を標準化する．

近似の精度をよくするために，28 〜 33 回を，27.5 〜 33.5 回，と**半整数補正**する．区間の下端・上端は，それぞれ，

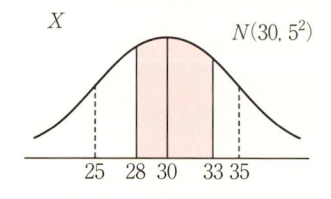

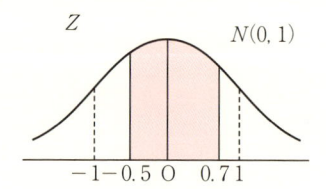

$$\dfrac{\text{データ値} - \text{期待値}}{\text{標準偏差}} = \dfrac{27.5 - 30}{5} = -0.5$$

$$\dfrac{\text{データ値} - \text{期待値}}{\text{標準偏差}} = \dfrac{33.5 - 30}{5} = 0.7$$

したがって，
$$P(27.5 \leqq X \leqq 33.5) = P(-0.5 \leqq Z \leqq 0.7)$$
$$= I(0.5) + I(0.7)$$
$$= 0.1915 + 0.2580 = 0.4495$$

▶注 半整数補正を行わなければ,
$$P(28 \leqq X \leqq 33) = P(-0.4 \leqq Z \leqq 0.6) = I(0.4) + I(0.6)$$
$$= 0.1554 + 0.2258 = 0.3812$$

プラスα ――「⚀の出る確率＝1/6」の意味

もう20年も昔，統計学の授業で，開講一番，
「サイコロを投げて，⚀の出る確率はいくらですか？」と私．
「1/6です」と元気な答．「いまさら，なぜ，こんなことを？」という顔．「どの目が出るのも同じ確からしさと仮定すれば，ね」と念を押す"理論派"もいました．
「うん，では，あらためて質問するけど，⚀の出る確率＝1/6 て，どういうことかな？」
「サイコロを6回投げると，⚀が1回出るということです」
「えっ？ 6回投げると⚀がちょうど1回だけ出るかな」
そうです．⚀が1回も出ないこともあれば，2回出ることもありますね．「⚀の出る確率は1/6」の意味は，600回投げれば，⚀は100回近く，60000回投げれば，⚀は10000回近く出る，……．
投げる回数を増やせば，⚀の出る割合(確率)がほぼ1/6になることが，ますます確からしくなっていく，ということなのです．
これを，大数(たいすう)の法則とよび，**統計的確率と数学的確率とを結ぶ大切な定理**なのです．

=== 演習問題 7 ===

1枚の500円のコインを100回投げるとき，㊜(オモテ)が55〜60回出る確率を求めよ．

第2章　推測統計序説

　600人ほどのサンプルから，あるテレビ番組の視聴率を推定する．
　数か月のお付き合いで，結婚を決意する．
　おかみさんは，ほんの一口の味見で，味噌汁の味を決める．
　このように，

一部から全体を推し測る

こと，これこそが，統計学の任務なのです．
　新聞社は，4万人ほどの有権者の意見から，90%以上の的中率で，総選挙の結果を予想します．4万人は，有権者1億400万人のほぼ0.04%にすぎません．
　世論調査は，統計学の快挙です．
　さあ，これから，この推測統計学を，ご一緒に，どうぞ．

§8 母集団と標本

――― 標本は母集団の縮小相似形 ―――

標本調査　テレビ視聴率．関係者にとっては，まさに死活問題でしょう．

　　　あの「サッカー中継」視聴率 20％ 突破

　　　懐かしい「時代劇」視聴率低迷

などと言いますが，これは，日本中すべての世帯・すべてのテレビ受像機について調べた結果ではありません．

実際には，全世帯から無作為に抽出した 2500～3000 世帯程度の調査でもかなり正確に視聴率を言い当てられるのです．

統計調査は，**全数調査**と**標本調査**に大別されます．

たとえば，ある小学校の新入生 70 名の平均身長ならば，70 名全員の身長を測定することができます．これが全数調査です．国会議員の総選挙や，5 年ごとの国勢調査も全数調査です．

ところが，ある県の 36,000 人もの小学校新入生男子の平均身長は，技術的にも，経済的にも全数調査は不可能です．どうしても，一部を取り出して調べる標本調査によらなければなりません．

しかし，注意すべきは，**全数調査こそ理想だとはいえない**ことです．次の場合，どうしても，標本調査によらなければなりません．

（1）　**調査対象が無限大**：　ある食品メーカーのカンヅメの品質調査．

　過去・現在・未来にわたり製造される製品全体が調査対象です．

（2）　**調査経費・労力が厖大**：　内閣支持率．

　一新聞社では，有権者全員の面接調査は不可能です．

（3）　**調査が破壊的**：　ある電機メーカーの蛍光灯の寿命測定．

　全製品の寿命を測定すると，販売する商品がなくなってしまいます．

母集団・標本　たとえば，愛知県小学校新入生男子 35,900 名の平均身長が必要な場合，〝新入生男子の身長〟のような調査対象の**特性値の全体**を**母集団**といいます．調査対象（新入生男子）の全体ではありません．

このとき，特性値 X の確率分布を**母分布**といい，X の平均（期待値）・分

散をそれぞれ，**母平均・母分散**といいます．
　さらに，母分布が○○分布の母集団を，○○母集団ということがあります．また，正規母集団 $N(\mu, \sigma^2)$ の μ, σ^2 や，二項母集団 $\text{Bin}(n, p)$ の n, p のような分布を決める定数を，**パラメータ（母数）**といいます．
　さて，標本調査で，母集団から無作為に取り出された要素

$$x_1, x_2, \cdots, x_n$$

は，取り出されるまでは，値が分からないので，各 $x_1, x_2, \cdots, x_n$ は，母分布と同一分布に従う独立な確率変数 $X_1, X_2, \cdots, X_n$ の取る値（実現値）と考えられます．このとき，大文字と対応する小文字を用いて，

　　　確率変数の組　$(X_1, X_2, \cdots, X_n)$ を，**標本**
　　　実　現　値の組　$(x_1, x_2, \cdots, x_n)$ を，**標本値（データ）**

といい，個数 n を**標本（値）**の大きさまたは**標本（値）サイズ**といいます．
　▶注　標本・標本値・データを**混用**する慣例もあります．この本でも．
　標本抽出（無作為抽出・ランダムサンプリング）には，二種あります：
　　　復　元　抽　出 … 同一要素をくり返し取り出すことを許す
　　　非復元抽出 … 同一要素をくり返し取り出すことを許さない
　無限母集団または十分多数の要素から成る母集団では，復元・非復元の区別はないものとみなせます．
　$(X_1, X_2, \cdots, X_n)$ が，サイズ n の**標本**である，ということは，
　　　　$X_1, X_2, \cdots, X_n$ が独立で，どれも母分布に従う
ことを意味します．
　たとえば，衆議院議員の総選挙の結果を予想する場合は，

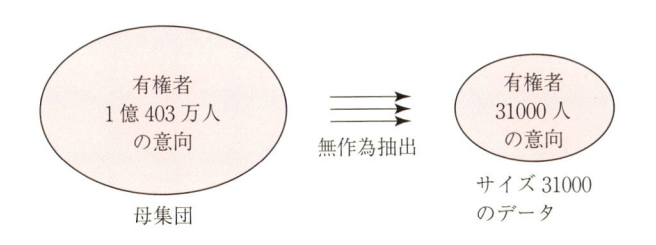

　　　　　　　有権者　　　　　　　　　　　　有権者
　　　　　1億403万人　　⟹　無作為抽出　　31000人
　　　　　　　の意向　　　　　　　　　　　　の意向

　　　　　　　母集団　　　　　　　　　　　サイズ31000
　　　　　　　　　　　　　　　　　　　　　のデータ

第2章　推測統計序説

食品メーカーのカンヅメの品質検査のように母集団が一様な要素から成る場合は，母集団からの**単純抽出**で十分ですが，ある地方の小学校新入生男子の身長などの場合は，市町村別に単純抽出を行います．このとき，各市町村を**層**とよび，この抽出法を**層別抽出**とよびます．

　また，総選挙の結果予想のような場合は，年令・性別・居住地・職業などの**多重層別抽出**によります．

　乱数表　標本の単純抽出は，母集団や標本サイズがあまり大きくないときは，くじや乱数サイが手軽ですが，そうでなければ，乱数表で機械的に抽出します．

　乱数サイは，正20面体のサイコロで，$0, 1, 2, \cdots, 9$ の数字が，2回ずつ刻んであるので，どの数字が出る確率も等しいのです．

　いま，たとえば，赤・黄・青のサイコロの目の数を，それぞれ，百位・十位・一位と決めておけば，3個のサイコロを投げて，000〜999までの1000個の整数から1個の整数を無作為抽出することができます．

　いま，一つの乱数サイを投げ，出た目の数を次々に記して，たとえば，

　　　5, 1, 8, 4, 1, 6, 1, 0, 6, 5, 1, 9, 6, 0, ……

が得られたとします．こうして得られる数列は，次の性質をもっています：
（1）　**等確率性（等出現性）**：　サイを投げる回数を増やすほど，各数字は同一割合 1/10 で現われる．
（2）　**無規則性（無相関性）**：　個々数字の出る出方は，他の数字の出方と無関係である．

　この二つの性質をもつ数列を，**乱数列**または単に**乱数**といいます．

　次に，乱数の使い方の一例を述べましょう．

[例] A, B, C, D, E, F, G, H の8人をランダムに一列に並べよ．

解 A, B, …, H の8人に，1, 2, …, 8 の番号をつける．

次に，たとえば，二度パッと開いた本のページ数で，行・列を，投げたサイコロの偶・奇で，右進・下降と決めておく．いま，たとえば，

14ページ・8ページ・⚁

ならば，

14行・8列 から 右へ進む

ことになる．p.120 の乱数表において，

```
        8列
10394  20021  98067  07271
62467  24531  50313  76731
60619  90867  34300  79006
34391  63942  67578  22132   ← 14行
70013  17803  43782  46643
```

この部分を書き写し，1～8以外と一度現われた数字を消し去る：

9 4 2　　6 7 5 7 8　　2 2 1 3 2
D B　　　F G E H　　　　A C

したがって，並べ方は，次のようになる：

D, B, F, G, E, H, A, C

[例] 290人から，10人を無作為抽出せよ．

解 まず，290人に，1, 2, 3, …, 290 の番号をつけておく．

上の例と同様にして，"25行・16列から右へ進む" と決まったとする．

45916　70656　45983　66213　90311　00855
 ↓↓↓   ↓↓↓   ↓↓↓   ↓↓↓   ↓↓↓   ↓↓↓
159 167 065 045 083　062 139 031 100 255

のように，次々に3桁の整数として読むのであるが，1～290以外を消すと，多くの乱数を要するので，300以上の整数から，300, 600, 900 を引いて，すべてを，000～299 に収めて，1～290以外や重複を除外すると，

159, 167, 65, 45, 83, 62, 139, 31, 100, 255

が得られる．

標本平均　名古屋市小学校新入生男子 9,200 人の平均身長を知るために，300 人を無作為抽出したところ，その平均身長は，116.5 cm でした．

味噌汁をよく混ぜた無作為抽出ですから，**標本は母集団の大略縮小相似形**のハズ．9,200 人全員の平均身長（母平均）も，この 300 人の平均（標本平均）116.5 cm に近い値に違いない —— ここまでは，誰でも考える常識の範囲の話です．

それでは，この標本平均値 116.5 cm は，母平均にどの程度近いのか？ 標本サイズを 300 人から **1000 人に増やしたら**どうなのか？　これから先は，ぜひとも，**統計学の力**を借りなければなりません．

理屈は同じですから，ごくごく簡単な具体例によって，

標本平均の分布

について少し調べてみましょう．たとえば，

　　　　　1, 3, 7, 9 という 4 個の整数から成るミニ母集団

を考え，復元抽出によって，サイズ 2 の標本を抽出します．

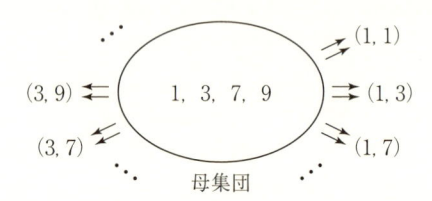

(3, 9) ← 　(1, 3, 7, 9)　→ (1, 1)
(3, 7) ←　　　　　　　　→ (1, 3)
　　　　　　　　　　　　　(1, 7)
母集団

サイズ 2 の標本は，下の 16 個です．**標本平均**（**各標本ごとの平均**）を右側の対応する位置に記します：

(1, 1)	(1, 3)	(1, 7)	(1, 9)		1	2	4	5
(3, 1)	(3, 3)	(3, 7)	(3, 9)		2	3	5	6
(7, 1)	(7, 3)	(7, 7)	(7, 9)		4	5	7	8
(9, 1)	(9, 3)	(9, 7)	(9, 9)		5	6	8	9

これら 16 個の標本平均の平均と分散を，正直に計算しますと，

$$\text{標本平均の平均} = \frac{1}{16} \times (1 + 2 + 4 + \cdots + 8 + 9) = \frac{1}{16} \times 80 = 5$$

§8　母集団と標本

$$標本平均の分散 = \frac{1}{16}\{(1-5)^2 + (2-5)^2 + (4-5)^2 + (5-5)^2$$
$$+ (2-5)^2 + (3-5)^2 + (5-5)^2 + (6-5)^2$$
$$+ (4-5)^2 + (5-5)^2 + (7-5)^2 + (8-5)^2$$
$$+ (5-5)^2 + (6-5)^2 + (8-5)^2 + (9-5)^2\} = 5$$

母平均・母分散は簡単ですね．それぞれ，次のようになります：

$$母平均 = \frac{1}{4}(1+3+7+9) = 5$$

$$母分散 = \frac{1}{4}\{(1-5)^2 + (3-5)^2 + (7-5)^2 + (9-5)^2\} = 10$$

こうしてみると，次のことが分かります：

　　　　　標本平均の平均 ＝ 母平均　…　**成立する**
　　　　　標本平均の分散 ＝ 母分散　…　**成立しない**

じつは，一般に，次が成立するのです：

● ポイント ────────────── **標本平均の平均・分散**

（１）　標本平均の平均 ＝ 母平均

（２）　標本平均の分散 ＝ $\dfrac{母分散}{標本サイズ}$

標本平均を作ることは，日常生活では〝意見集約〟のようなものです．集約しても平均は変わりませんが，分散(バラツキ)は小さくなってしまいます．

〝宇宙には膨張拡散を嫌う法則があり，生物に雌雄があるのはそのため〟と，どこかで聞いたことがあります．

▶参考　母平均 μ，母分散 σ^2 の母集団からの標本 $(X_1, X_2, \cdots, X_n)$ について，

$$\bar{X} = \frac{X_1 + X_2 + \cdots + X_n}{n}$$

を**標本平均**とよび，次の性質があります：

$$E(\bar{X}) = \mu, \quad V(\bar{X}) = \frac{\sigma^2}{n}$$

例題 8 ─── 標本平均の平均・分散

4個の整数 1, 3, 3, 9 から成る母集団と,そこから復元抽出されるサイズ 2 の標本を考える.
（1） 母平均・母分散を求めよ.
（2） 標本平均の平均を求めよ.
（3） 標本平均の分散を求めよ.

[解答]（1） 母平均 $= \dfrac{1}{4} \times (1+3+3+9) = \dfrac{1}{4} \times 16 = 4$

母分散 $= \dfrac{1}{4} \times \{(1-4)^2 + (3-4)^2 + (3-4)^2 + (9-4)^2\} = \dfrac{1}{4} \times 36 = 9$

（2） 標本平均の平均 $=$ 母平均 $= 4$

（3） 標本平均の分散 $= \dfrac{母分散}{標本サイズ} = \dfrac{9}{2} = 4.5$

▶参考 $(X_1, \cdots, X_n)$：母平均 μ,母分散 σ^2 の母集団からの標本のとき,
$$E(X_1) = \cdots = E(X_n) = \mu, \quad V(X_1) = \cdots = V(X_n) = \sigma^2$$
で,$X_1, X_2, \cdots, X_n$ は,**独立**だから,
$$E(\bar{X}) = E\left(\frac{X_1 + \cdots + X_n}{n}\right) = \frac{E(X_1) + \cdots + E(X_n)}{n} = \frac{\mu + \cdots + \mu}{n} = \mu$$
$$V(\bar{X}) = V\left(\frac{X_1 + \cdots + X_n}{n}\right) = \frac{V(X_1) + \cdots + V(X_n)}{n^2}$$
$$= \frac{\sigma^2 + \cdots + \sigma^2}{n^2} = \frac{\sigma^2}{n}$$

演習問題 8

4個の整数 1, 3, 3, 9 から成る母集団から復元抽出されるサイズ 2 の標本を考える.すべての標本を列挙し,標本平均の平均・標本平均の分散を具体的に計算し,次の公式が成立することを確認せよ.

$$標本平均の平均 = 母平均 \qquad 標本平均の分散 = \dfrac{母分散}{標本サイズ}$$

プラスα　　　　　　　　　　乱数の作り方

　乱数は〝等確率性・無規則性〟をもつ数列といいますが，けっきょく規則性のない**デタラメ**な数列です．

　乱数は，どうやって作るのでしょうか．

　「デタラメに書けばいいんでしょ」などと言って，何も考えずに，数字を書き続けても，個人には，好きな数字があるものです．また，デタラメらしく書こうという無意識の心の働きもあるでしょう．

　じつは，与えられた数列が乱数がどうかの判定も，完全な乱数を発生させることも**不可能に近い**のです．

　そこで，いかに乱数に近い数列 ── これを**擬似乱数**といいます ── を作るかが問題になります．

　その一つが，**混合型合同法**です．

　擬似乱数 $x_0, x_1, x_2, \cdots, x_n, \cdots$ を，次のように作ります：

正整数 a, b, m，奇数 c を決めておいて，

　　$x_0 = b$　とおく．

　　$x_1 = ax_0 + c$　を m で割った余り．

　　$x_2 = ax_1 + c$　を m で割った余り．

　　$x_3 = ax_2 + c$　を m で割った余り．

　　　　⋮

のように順次 $x_0, x_1, x_2, x_3, \cdots\cdots$ を作るのです．

　しかし，〝$0 \leq m$ で割った余り $< m$〟ですから，この数列は最大限 m 項以下同じ数列のくり返しになります．

　そこで，たとえば，

$$a = 2^7 + 1, \ c = 1, \ m = 2^{35}$$

とおけば，周期は 2^{35} になります．

　完全な乱数．これは，やはり，乱数サイを投げて，その目の数を次々と記録していく，という**素朴な方法**しかなさそうです．

§9 区間推定・1

―― 小学生の平均体重を推測する法 ――

標本平均の分布　この§, 次の§の議論を支えるのは, 次の性質です:

●**ポイント**　　　　　　　　　　　　　　　　　　　　　　標本平均の分布・1

（1）正規母集団からの標本の標本平均は,

$$\text{正規分布}\quad N\left(\text{母平均}, \frac{\text{母分散}}{\text{標本サイズ}}\right)$$

に従う. したがって, 標準化すれば,

$$\frac{\text{標本平均} - \text{母平均}}{\sqrt{\dfrac{\text{母分散}}{\text{標本サイズ}}}}$$

は, 標準正規分布 $N(0,1)$ に従う.

（2）[**中心極限定理**]　**標本サイズが十分大きいときは**, 正規母集団**とはかぎらないどんな母集団についても**, 上の性質は成立する.

この**中心極限定理**によって, 正規分布に従わない自然現象・社会現象を正規分布の理論によって解明することが可能になったのです.

母平均の信頼区間・1

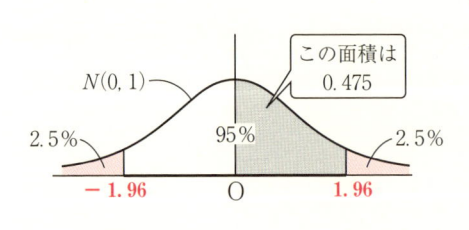

z	0.00	0.01	⋯	0.06
0.0				
0.1				
⋮				
1.9				.4750
⋮				

$N(0,1)$ に従う変数が, $-1.96 \sim 1.96$ の範囲にある確率は 95% ですから,

$$-1.96 \leq \frac{\text{標本平均} - \text{母平均}}{\sqrt{\dfrac{\text{母分散}}{\text{標本サイズ}}}} \leq 1.96$$

が成立する確率は95%です．この式から，母平均の範囲が得られます．

次の不等式を，母平均の**信頼度95％の信頼区間**または**95％信頼区間**といいます：

$$\underbrace{標本平均 - 1.96\sqrt{\frac{母分散}{標本サイズ}}}_{下側信頼限界} \leq 母平均 \leq \underbrace{標本平均 + 1.96\sqrt{\frac{母分散}{標本サイズ}}}_{上側信頼限界}$$

この**下側信頼限界・上側信頼限界**を，**信頼限界**と総称します．

●ポイント ──────── 母平均の信頼限界（母分散既知）

$$95\％信頼限界 = 標本平均 \pm 1.96 \times \sqrt{\frac{母分散}{標本サイズ}}$$

▶注　この公式は，正規母集団についての性質ですが，標本サイズが，ほぼ30以上ならば，どんな母集団についても成立します．
　　　なお，信頼度と $\sqrt{}$ の係数との関係は，
　　　　　　　95％　…　1.96
　　　　　　　99％　…　2.58
　　信頼度は，95％および99％が慣例になっています．

▶参考　$\bar{X}$ を正規母集団 $N(\mu, \sigma^2)$ からのサイズ n の標本の標本平均とすれば，$\bar{X}$ は，$N\left(\mu, \dfrac{\sigma^2}{n}\right)$ に従うので，

$$\frac{\bar{X} - \mu}{\sqrt{\dfrac{\sigma^2}{n}}} \text{ は，} N(0, 1) \text{ に従う}$$

[母平均 μ の95％信頼区間（母分散既知）]

$$\bar{X} - 1.96\frac{\sigma}{\sqrt{n}} \leq \mu \leq \bar{X} + 1.96\frac{\sigma}{\sqrt{n}}$$

また，$n \geq 30$ 程度ならば，任意の母分布について，これらは成立します．

[例] ある県の小学校新入生男子 900 人を無作為抽出したら，平均体重 21.5 kg であった．過去の資料から，標準偏差 2.9 kg と考えてよい．

この県の小学校新入生男子の平均体重の 95％信頼区間を求めよ．

また，99％信頼区間は，どうなるか．

解 体重分布は，必ずしも正規分布と認められなくても，標本サイズ 900 は**十分大きい**ので，上の公式が使える．

$$95\%信頼限界 = 21.5 \pm 1.96 \times \sqrt{\frac{(2.9)^2}{900}}$$

$$= 21.5 \pm 0.189\cdots$$

$$= 21.5 \pm 0.2 \quad \blacktriangleleft 切り上げる$$

$$= \begin{cases} 21.7 \\ 21.3 \end{cases}$$

したがって，95％信頼区間は，

$$21.3 \leqq 母平均 \leqq 21.7 \quad (kg)$$

$$99\%信頼限界 = 21.5 \pm 2.58 \times \sqrt{\frac{(2.9)^2}{900}} \quad \blacktriangleleft 1.96 を 2.58 に$$

$$= 21.5 \pm 0.249\cdots$$

$$= 21.5 \pm 0.3 \quad \blacktriangleleft 切り上げる$$

$$= \begin{cases} 21.8 \\ 21.2 \end{cases}$$

したがって，99％信頼区間は，

$$21.2 \leqq 母平均 \leqq 21.8 \quad (kg)$$

母平均の信頼区間・2 たとえば，電機メーカーによる新製品の耐久時間（寿命）を考える場合，新製品なので過去の資料もなく，**母分散は未知**です．

ですから，先ほどの公式

$$信頼限界 = 標本平均 \pm 1.96 \times \sqrt{\frac{母分散}{標本サイズ}}$$

は，残念ながら使えません．さあ，どうしましょう．

本物がないので，**代用品**のお世話になるしかありません．それも，入手可能な"標本"から作るしかありません．そのとき，母分散の代役として，

$$\text{標本分散} = (\text{標本値} - \text{標本平均})^2 \text{の平均}$$

が考えられますが,じつは,これは,母分散より小さくなる傾向があるのです(母平均の代わりに標本平均を使っているので).

そこで,母分散の代役として,標本分散よりちょっぴり大き目の

$$\text{不偏分散} = \text{標本分散} \times \frac{\text{標本サイズ}}{\text{標本サイズ} - 1}$$

$$= \frac{(\text{標本値} - \text{標本平均})^2 \text{の総和}}{\text{標本サイズ} - 1}$$

の方が適切なのです.もちろん,標本サイズが大きいときは,母分散・標本分散・不偏分散の三者は,ほぼ等しくなります.ですから,

$$\frac{\text{標本平均} - \text{母平均}}{\sqrt{\dfrac{\text{不偏分散}}{\text{標本サイズ}}}}$$

は,標準正規分布 $N(0, 1)$ **によく似た分布**に従うはずです.

この分布が **t 分布**という新しい分布です.

● ポイント ───────────────── **標本平均の分布・2**

正規母集団からの標本について,

$$\frac{\text{標本平均} - \text{母平均}}{\sqrt{\dfrac{\text{不偏分散}}{\text{標本サイズ}}}}$$

は,自由度 $=$ (標本サイズ)$- 1$ の t 分布に従う.

---

t 分布は,〝自由度 k〟というものをもったご覧のような分布です:

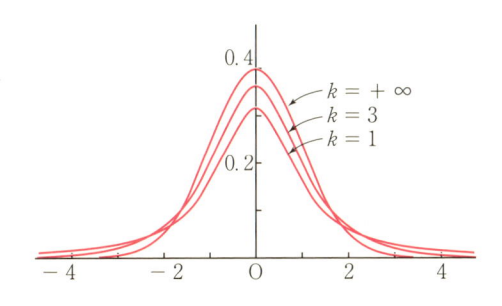

自由度とともに，山の頂上が上昇し，自由度 = ∞（無限大）のとき，ちょうど標準正規分布に一致するのです．t 分布表（p.122）をご覧下さい．

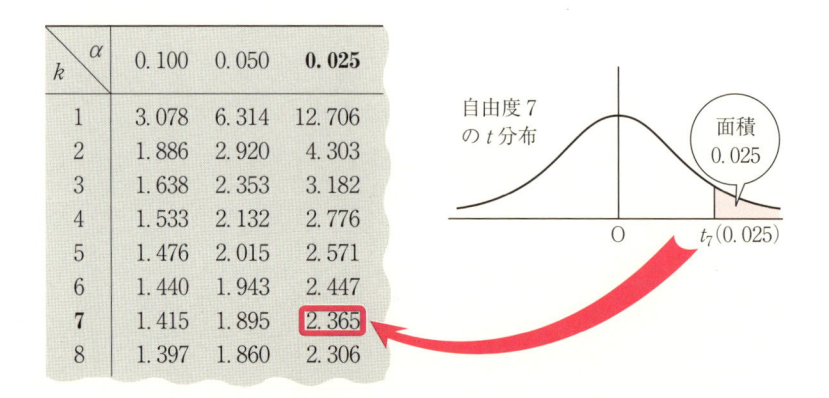

k \ α	0.100	0.050	**0.025**
1	3.078	6.314	12.706
2	1.886	2.920	4.303
3	1.638	2.353	3.182
4	1.533	2.132	2.776
5	1.476	2.015	2.571
6	1.440	1.943	2.447
7	1.415	1.895	**2.365**
8	1.397	1.860	2.306

自由度 7 の t 分布　面積 0.025　$t_7(0.025)$

$t_k(\alpha)$ を，上側 $\alpha \times 100$ パーセント点といいます．
　　↑自由度　　↑上側確率

さて，サイズ n の標本から，母平均の 95％信頼区間を求めましょう．

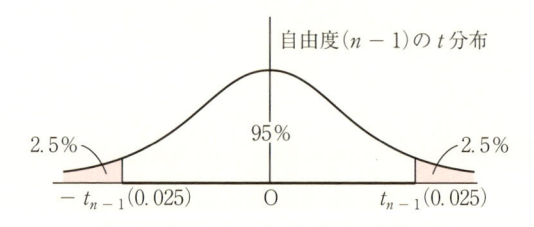

自由度 $(n-1)$ の t 分布　95％　2.5％　2.5％　$-t_{n-1}(0.025)$　$t_{n-1}(0.025)$

したがって，次の不等式が成立する確率は 95％です：

$$-t_{n-1}(0.025) \leq \frac{標本平均 - 母平均}{\sqrt{\dfrac{不偏分散}{標本サイズ}}} \leq t_{n-1}(0.025)$$

これを，母平均について解いて，母平均の信頼限界を求めますと，

$$標本平均 \pm t_{n-1}(0.025) \times \sqrt{\dfrac{不偏分散}{標本サイズ}}$$

となります．公式として記しておきましょう．

● **ポイント** ──────── **母平均の信頼限界(母分散未知)**

$$95\%\text{信頼限界} = \text{標本平均} \pm t_k(0.025) \times \sqrt{\frac{\text{不偏分散}}{\text{標本サイズ}}}$$

ただし,$k = $ 自由度 $= ($標本サイズ$) - 1.$

▶**参考** 母分散未知の正規母集団からのサイズ n の標本の標本平均を $\bar{X}$,不偏分散を U^2 とすれば,母平均 μ の 95%信頼区間は,

$$\bar{X} - t_{n-1}(0.025)\sqrt{\frac{U^2}{n}} \leqq \mu \leqq \bar{X} + t_{n-1}(0.025)\sqrt{\frac{U^2}{n}}$$

[例] ある正規母集団から,サイズ 12 の標本をとったら,

標本平均 $= 3.1$,不偏分散 $= 0.2$

であった.母平均の 95%信頼区間を求めよ.

解 自由度 $= 12 - 1 = 11$,$t_{11}(0.025) = 2.20$ (t 分布表より)

$$\text{信頼限界} = 3.1 \pm 2.20 \times \sqrt{\frac{0.2}{12}} = 3.1 \pm 0.29 = \begin{cases} 3.39 \\ 2.81 \end{cases}$$

∴ $2.81 \leqq$ 母平均 $\leqq 3.39$

▶**注** 0.29 は,$0.284\cdots$ の切り上げ.

プラスα ──────── 自由度

自由度について,一言ふれておきましょう.

いま,$(X_1, X_2, \cdots, X_n)$ を,母平均 μ の母集団からの標本としますと,$X_1, X_2, \cdots, X_n$ は独立ですね.このとき,

$$(X_1 - \mu)^2 + (X_2 - \mu)^2 + \cdots + (X_n - \mu)^2$$

の n 個の $X_1 - \mu, X_2 - \mu, \cdots, X_n - \mu$ は,独立ですが,

$$(X_1 - \bar{X})^2 + (X_2 - \bar{X})^2 + \cdots + (X_n - \bar{X})^2$$

の場合,$X_1 - \bar{X}, X_2 - \bar{X}, \cdots, X_n - \bar{X}$ の合計は 0 ですから,**自由に決められるのは,$n-1$ 個だけ**で,残る 1 個は,自然に決まってしまいます.これを,自由度 $n-1$ と考えてはいかがでしょうか.

例題 9 ──────────────── 母平均の信頼区間 ──

次は，八重山列島のタイワンカブトというカブトムシ(♀)の採集した7匹の体長である．平均体長の95%信頼区間を求めよ：

$$35 \quad 31 \quad 44 \quad 34 \quad 41 \quad 39 \quad 35 \quad (\text{mm})$$

データも少なく，母分散も未知 $\Longrightarrow$ **t 分布の活用**

[解答] まず，標本平均，不偏分散を求める．

$$標本平均 = \frac{1}{7} \times (35 + 31 + 44 + 34 + 41 + 39 + 35) = \frac{1}{7} \times 259 = 37$$

$$不偏分散 = \frac{1}{(標本サイズ)-1} \times \{(標本値 - 標本平均)^2 の総和\}$$

$$= \frac{1}{7-1}\{(35-37)^2 + (31-37)^2 + (44-37)^2 + (34-37)^2$$
$$\qquad\qquad + (41-37)^2 + (39-37)^2 + (35-37)^2\}$$

$$= \frac{1}{6} \times 122 = 20.33$$

自由度 $=$ (標本サイズ) $- 1 = 7 - 1 = 6$

$t_6(0.025) = 2.447$ ◀ t 分布表より

したがって，

$$95\%信頼限界 = 標本平均 \pm t_k(0.025) \times \sqrt{\frac{不偏分散}{標本サイズ}}$$

$$= 37 \pm 2.447 \times \sqrt{\frac{20.33}{7}} \qquad \blacktriangleleft k = 6$$

$$= 37 \pm 4.170 \cdots = \begin{cases} 41.2 \\ 32.8 \end{cases} \qquad \begin{array}{l}\blacktriangleleft 切り上げ \\ \blacktriangleleft 切り捨て\end{array}$$

ゆえに，求める平均体長の95%信頼区間は，

$$32.8 \leqq 平均体長 \leqq 41.2 \quad (\text{mm})$$

▶注 上側信頼限界 … 大きめに　　下側信頼限界 … 小さめに

> ### プラスα ── t 分布の着想
>
> イギリスのビール醸造会社ギネスのウィリアム・ゴゼット技師は，ビールの醸造で，原料や温度の変化が大きいため，同一条件でのデータを多量に収集できず，困っていました．
> 　従来の大標本論の統計手法が使えないのです．
> 　必要は発明の母．彼は，次のようなすばらしい着想で，**小さい標本サイズに有効**で，**母分散を含まない**新しい分布を誕生させたのでした．
>
> $$\dfrac{標本平均 - 母平均}{\sqrt{\dfrac{母分散}{標本サイズ}}}\ \text{は，標準正規分布に従う}$$
>
> のでしたね．また，次の性質が知られています：
>
> $$\dfrac{\{(標本サイズ)-1\}\times 不偏分散}{母分散}\ \text{は，カイ二乗分布に従う}$$
>
> カイ二乗分布は，次の§で学ぶ自由度をもった分布ですが，この場合の自由度は，(標本サイズ)-1 です．
> 　さて，上の式を，下の式の平方根で割りますと，**母分散がみごとに消去され**，その分布は，
>
> $$\dfrac{標準正規分布}{\sqrt{\dfrac{カイ二乗分布}{自由度}}}$$
>
> ですが，これを，同じ自由度の **t 分布** と名づけたのでした．

演習問題 9

次は，ある正規母集団からのサイズ 9 の標本である：

　　6.64　6.56　6.72　6.62　6.67　6.71　6.65　6.68　6.60

（1）　母平均の 95% 信頼区間を求めよ．

（2）　母分散が 0.002 と判明したとき，母平均の 95% 信頼区間を求めよ．

§10 区間推定・2

―― テレビ視聴率を推測する法 ――

カイ二乗分布　この§では，母分散と母比率の信頼区間を扱いますが，母分散の信頼区間は，〝カイ二乗分布〟という新しい分布が主役です．

> ■ ポイント ============================ カイ二乗分布
>
> 　標準正規分布に従う互いに独立な k 個の確率変数の平方和の分布を，**自由度 k のカイ二乗分布**とよび，$\chi^2(k)$ とかく．

▶注　χ は，ギリシア(小)文字で，**カイ**と読みます．x (エックス) ではありません．
　たとえば，自由度 $k = 1, 2, 4$ の場合を図示してみます．

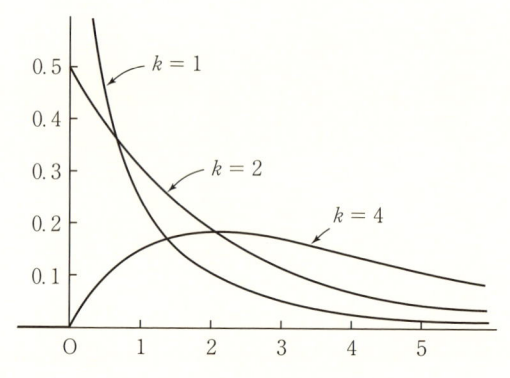

一般の自由度 k のカイ二乗分布は，次のようです：

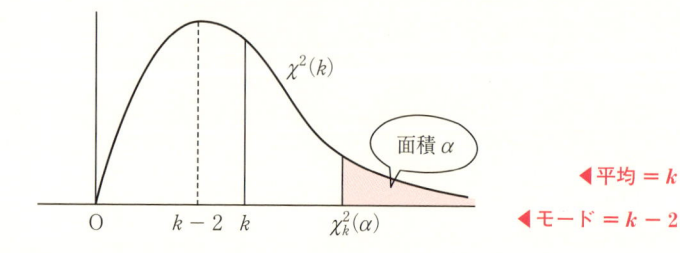

◀ 平均 $= k$
◀ モード $= k - 2$

▶注　$\chi_k^2(\alpha)$ は，パーセント点．k は自由度．α は上側確率．

自由度 k のカイ二乗分布について，
$$\text{モード（最頻値）} = k - 2, \quad \text{平均値} = k$$
であることが知られています．

母分散の信頼区間 これは，次の性質よりズバリ解決します：

===== ●ポイント ========================== カイ二乗分布の性質 =====

正規母集団からの標本について，
$$\frac{\text{偏差平方和}}{\text{母分散}} = \frac{(\text{標本値} - \text{標本平均})^2 \text{ の総和}}{\text{母分散}}$$
は，自由度 $= (\text{標本サイズ}) - 1$ のカイ二乗分布に従う．

▶**参考** $X_1, X_2, \cdots, X_k$ が独立で，どれも $N(0, 1)$ に従うとき，平方和 $X_1^2 + X_2^2 + \cdots + X_k^2$ の分布を，自由度 k の**カイ二乗分布**といいます．

また，$(X_1, X_2, \cdots, X_n)$ が正規母集団 $N(\mu, \sigma^2)$ からの標本ならば，
$$\frac{(X_1 - \bar{X})^2 + (X_2 - \bar{X})^2 + \cdots + (X_n - \bar{X})^2}{\sigma^2}$$
は，$\chi^2(n-1)$ に従う．

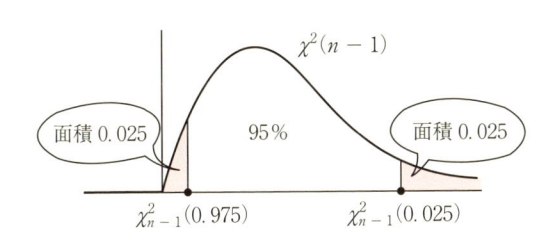

図中：$\chi^2(n-1)$，面積 0.025，95%，面積 0.025，$\chi^2_{n-1}(0.975)$，$\chi^2_{n-1}(0.025)$

この性質があれば，母分散の信頼区間は，一気に求められます．
図を参考にしますと，
$$\chi^2_{n-1}(0.975) \leqq \frac{\text{偏差平方和}}{\text{母分散}} \leqq \chi^2_{n-1}(0.025)$$

これを，母分散について解けば，
$$\frac{\text{偏差平方和}}{\chi^2_{n-1}(0.025)} \leqq \text{母分散} \leqq \frac{\text{偏差平方和}}{\chi^2_{n-1}(0.975)}$$

第 2 章　推測統計序説

● ポイント ─────────── 母分散の信頼区間

正規母集団からの標本サイズ n の標本について，母分散の 95 % 信頼区間は，

$$\frac{偏差平方和}{\chi^2_{n-1}(0.025)} \leqq 母分散 \leqq \frac{偏差平方和}{\chi^2_{n-1}(0.975)}$$

▶参考

$$\frac{nS^2}{\chi^2_{n-1}(0.025)} \leqq \sigma^2 \leqq \frac{nS^2}{\chi^2_{n-1}(0.975)}$$

ただし，$nS^2 = (X_1 - \bar{X})^2 + (X_2 - \bar{X})^2 + \cdots + (X_n - \bar{X})^2$,
$n =$ 標本サイズ．

[例] 次は，八重山列島のタイワンカブトというカブトムシ（♀）の採集した 7 匹の体長である．母分散の 95 % 信頼区間を求めよ．

$$35 \quad 31 \quad 44 \quad 34 \quad 41 \quad 39 \quad 35 \text{（mm）}$$

解 標本平均 $= \dfrac{1}{7} \times (35 + 31 + \cdots + 35) = \dfrac{1}{7} \times 259 = 37$

偏差平方和 $= (35 - 37)^2 + (31 - 37)^2 + \cdots + (35 - 37)^2 = 122$

自由度 $=$ (標本サイズ) $- 1 = 7 - 1 = 6$

$\chi^2_6(0.025) = 14.45,\ \chi^2_6(0.975) = 1.237$ ◀ χ^2 分布表より

したがって，母分散の 95 % 信頼区間は，

$$\frac{122}{14.45} \leqq 母分散 \leqq \frac{122}{1.237}$$

$$\therefore \quad 8.44 \leqq 母分散 \leqq 98.63 \quad \text{(mm)}$$

▶注 信頼区間の幅が広いのは，標本サイズ 7 が **小さい** からです．

母比率の信頼区間 日本シリーズ "中日 × ソフトバンク" を，ある地方でテレビ 300 台を無作為抽出したら，34 台がその試合を映していました．

さあ，この結果から，この地方の

$$p = 視聴率 = \frac{その番組を放映している台数}{全体のテレビの台数}$$

を推定できないでしょうか．この視聴率 p を **母比率** といいます．この p を，

$$\bar{p} = \text{**標本比率**} = \frac{放映台数}{標本サイズ}$$

から推測したいのです.

300 台中, この試合を放映しているテレビが X 台としますと, この X は,

⚀ が出る確率が p のサイコロを 300 回投げたとき ⚀ の出る回数

ですから, 二項分布 $Bin(300, p)$ に従います.

この**試行回数 300 は, 大きい**ので, この二項分布は, 同じ

$$\text{平均} = 300\,p, \quad \text{分散} = 300\,p(1-p)$$

の正規分布で近似されます. すなわち,

$$X \text{ は, 近似的に, } N(300\,p, 300\,p(1-p)) \text{ に従う}$$

ことが分かります. ですから, 標本比率 $\bar{p} = \dfrac{X}{300}$ は,

$$\text{平均} = \frac{1}{300} \times 300\,p = p, \quad \text{分散} = \left(\frac{1}{300}\right)^2 \times 300\,p(1-p) = \frac{p(1-p)}{300}$$

の正規分布

$$N\!\left(p, \frac{p(1-p)}{300}\right)$$

に従うことになります.

最後に, これを, **標準化**しますと,

$$\frac{\bar{p} - p}{\sqrt{\dfrac{p(1-p)}{300}}} \text{ は, 標準正規分布 } N(0,1) \text{ に従う}$$

ことが分かります.

したがって, 母平均の信頼区間のときのように, 95％の確率で, 不等式

$$-1.96 \leqq \frac{\bar{p} - p}{\sqrt{\dfrac{p(1-p)}{300}}} \leqq 1.96$$

が成立することが分かります. この不等式から,

$$\bar{p} - 1.96 \times \sqrt{\frac{p(1-p)}{300}} \leqq p \leqq \bar{p} + 1.96 \times \sqrt{\frac{p(1-p)}{300}}$$

これで, できた! と喜ぶのは, まだ早いのです.

この式をよく見て下さい. $\sqrt{}$ の中に母比率 p が入っているではありませんか!

さあ、どうしましょう.

こんなとき、あわててはいけません. **標本サイズが大きい**のですから、母比率も標本比率も、**そう変わらない**でしょう. 悩まず、迷わず、p を $\bar{p}$ で代用してしまえばよいのです. 所詮、**統計は近似の世界**ですよ.

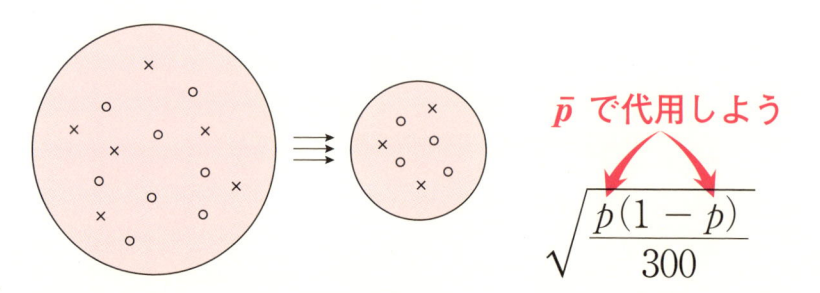

$$\sqrt{\frac{p(1-p)}{300}}$$

$\bar{p}$ で代用しよう

以上を、公式としてまとめておきます：

=== ● ポイント ================= 母比率の信頼限界 ===

$$95\%\text{信頼限界} = \text{標本比} \pm 1.96 \times \sqrt{\frac{\text{標本比} \times (1-\text{標本比})}{\text{標本サイズ}}}$$

ただし、標本サイズ ≥ 30 程度とする.

▶ **注** 〝標本比〟は〝標本比率〟の略. 以下でも.

=== プラス α ================= 母比率推定の標本サイズ ===

標本比で母比率を推定するとき、誤差 = |母比率 − 標本比| を希望値より小さくするための**最小標本サイズ**は、次のようです：

(1) 母比率が予測できるとき：

$$(\text{予測標本比}) \times (1-\text{予測標本比}) \times \left(\frac{1.96}{\text{最大誤差}}\right)^2$$

(2) 母比率が予測できないとき：

$$\frac{1}{4} \times \left(\frac{1.96}{\text{最大誤差}}\right)^2$$

例題 10 ── 母比率の信頼区間

1990年代から,国民の政党離れが加速し,いわゆる〝無党派層〟が急増した. 2012年2月,NHKの約600人の電話調査によれば,49.4%が無党派層(支持政党なし)であった.
（1） 母比率の95%信頼区間を求めよ.
（2） 誤差を3%以内にしたい.少なくとも何人くらいについて調査しなければならないか.

[解答] （1） 標本サイズ = 600, 標本比 = 0.494

$$95\%信頼限界 = 標本比 \pm 1.96 \times \sqrt{\frac{標本比 \times (1-標本比)}{標本サイズ}}$$

$$= 0.494 \pm 1.96 \times \sqrt{\frac{0.494 \times (1-0.494)}{600}}$$

$$= 0.494 \pm 1.96 \times 0.0204$$

$$= 0.494 \pm 0.040 = \begin{cases} 0.534 \\ 0.454 \end{cases}$$

したがって,無党派の割合は,

$$45.4 \leq 母比率 \leq 53.4 \quad (\%)$$

（2） 母比率は,ほぼ49.4%だから,

$$最小標本サイズ = 0.494 \times (1-0.494) \times \left(\frac{1.96}{0.03}\right)^2 = 1066.95 \cdots$$

ほぼ,1100人くらいについて調査しなければならない.

演習問題 10

（1） 次は,ある正規母集団からのサイズ9の標本である.母分散の95%信頼区間を求めよ：

6.64　6.56　6.72　6.62　6.67　6.71　6.65　6.68　6.60

（2） ある地方都市の小学生520人を無作為抽出したら,197人がムシ歯（未処置要治療）をもっていた.ムシ歯保有率の95%信頼区間を求めよ.

§11 母平均の検定

サイコロの正・不正 判定法

仮説検定 いままでの〝推定〟に続いて，この§から〝仮説検定〟または簡略に〝検定〟に入ります．

推定も検定も，標本データからのパラメータの解析なのですが，

　　　　　推　定 … パラメータの情報を得る作業
　　　　　検　定 … パラメータの情報の真偽判定

のように，その**視点が違う**のです．パラメータとは，$N(\mu, \sigma^2)$ の μ, σ^2 のような分布を特徴づける定数のことでしたね．

また，検定には，**母分布のタイプの判定**もあります．

さて，いま，一つのサイコロが正常かどうかの検定を考えましょう．

このサイコロを使った感触から，サイコロについての**主張**したい**本音**を，**対立仮説**といい，H_1 とかきます．　　　　◀仮説 = Hypothesis

いま，このサイコロの・の出る確率を p とすれば，対立仮説として，

　　　　　$H_1 : p \neq 1/6$ （サイコロは，正常でない）
　　　　　$H_1 : p < 1/6$ （・は出にくい）
　　　　　$H_1 : p > 1/6$ （・は出やすい）

が考えられます．検定は，サイコロに異常があるか否かの判断ですから，$p = 1/6$（サイコロは正常）は，対立仮説にはなれません．

たとえば，このサイコロは・が出やすそうだと思って，対立仮説に，

　　　　　$H_1 : p > 1/6$

を採用したとしましょう．これを主張するために，いま，仮に，

　　　　　$H_0 : p = 1/6$ （サイコロは正常）

と仮定します．

このように，**否定したい**仮定を，**帰無仮説**といい，H_0 とかきます．

いま，このサイコロを5回投げたら，5回とも・が出たとしましょう．

このとき，多く方々は，

　　　　　　このサイコロおかしいぞ

と思うことでしょう．これこそが，"**検定**" **の発想**そのものなのです．

いま，このサイコロは正常である．すなわち，
$$H_0 : p = 1/6$$
と仮定しましょう．このとき，5回とも⚀の出る確率は，
$$\left(\frac{1}{6}\right)^5 = 0.00012 \cdots$$

1万回に1.2回の割でしか起こらないような "珍事" が，いま現実に起こったのです．このとき，この事実は，次の二通りに解釈されます：

A：こんな "珍事" は，一度の実験では起こるまい．$p = 1/6$ はウソだ．
B："珍事" も確率ゼロではなかろう．いま，奇蹟が起こったのだ．

いずれの解釈にも一理ありますが，統計学は，Aの解釈を採るのです：

珍事・奇蹟は一度の実験では起こらない　　◀統計学の立場

私たちが，自動車・飛行機を利用するときの心境です．

したがって，帰無仮説 $H_0 : p = 1/6$ は否定され，対立仮説 $H_1 : p > 1/6$ すなわち "⚀は出やすい" が統計学の結論ということになります．

それでは，ここで，いくつかの概念や用語を説明します．

いま，珍事・奇蹟といいましたが，これは感覚的な日常語なので，統計学の議論には，何か**数値的な基準**が必要です．この基準（珍事か否かのボーダーライン）を，**有意水準**とよび，0.05か0.01を用いるのが慣習です．

さて，いま，有意水準として，0.05を採用しましょう．

サイコロを5回投げたとき，⚀の出る回数を X としますと，X の取る値の確率は，右表のようになります．

▶**参考**　$P(X = k) = {}_5C_k \left(\dfrac{1}{6}\right)^k \left(\dfrac{5}{6}\right)^{5-k}$
　　　　ただし，$k = 0, 1, 2, 3, 4, 5$

X	P
0	0.4019
1	0.4019
2	0.1608
3	0.0322
4	0.0032
5	0.0001
計	1.0000

こうして見ますと，
$$P(X = 3) = 0.0322 < 0.05$$
ですから，5回中⚀が3回出ることも，珍事という

ことになります。・が3回が珍事ならば、・が4回・5回も、当然、珍事になります。

珍事が起こったということで、帰無仮説 $H_0 : p = 1/6$ は否定され、対立仮説 $H_1 : p > 1/6$ が受容され、・が出やすいと認められます。

▶注　統計学では、否定されることを、**棄却**されるといい、受容されることを**採択**されるといいます。

このとき、帰無仮説が棄却される X の値の全体、3, 4, 5 を、**棄却域**といいます。

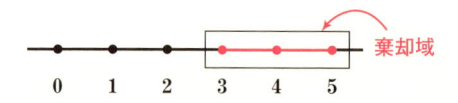

ところで、上の実験で、5回とも・が出る確率は0ではないのですから、帰無仮説 $p = 1/6$ を棄却してしまうのは、何がしかのミスを覚悟の上での結論です。このミスを、**第1種の誤り**といいます。また、逆に、帰無仮説が偽なのに、棄却しないミスもあります。これが**第2種の誤り**です。

		判　　定	
		H_0 を採択	H_0 を棄却
事実	H_0 は真	OK	第1種の誤り
実	H_0 は偽	第2種の誤り	OK

▶注　リスクを考えて、有意水準を**危険率**ということもあります。

ここで、大切なことは、帰無仮説が棄却されないとき、**採択**される、といいますが、これは、けっして帰無仮説が正しいことを主張するものではありません。**入手データだけでは、何の結論も下せない**という意味なのです。

▶参考　仮説検定を、数学の"背理法"と比較しましょう：
　　　　背理法：　仮　　定 $\implies$ 矛盾　　ゆえに、仮定を否定
　　　　検　定：　帰無仮説 $\implies$ 珍事　　ゆえに、仮説を棄却
　　仮説検定は、**危険率つき背理法**なのです。

検定の方式　ここで，検定の一般的な手順をまとめておきましょう．

■ **ポイント**　　　　　　　　　　　　　　　　　　　　　　**検定の方式**

（1）　母集団のパラメータまたは分布に関する帰無仮説 H_0 と対立仮説 H_1 および，有意水準（ふつう 0.05）を設定します．

（2）　標本から計算されるある量を考え，仮説 H_0 の下でこの量の分布を決定します．この量を**検定統計量**といいます．

（3）　検定統計量が属する確率が有意水準以下になるような実数の範囲を H_1 を考慮して決めます．この範囲を**棄却域**とよびます．

（4）　入手した標本データによる検定統計量の実現値が，

　　　棄却域に属する　　$\Longrightarrow$　有意水準 0.05 で H_0 を棄却

　　　棄却域に属さない　$\Longrightarrow$　有意水準 0.05 で H_0 を採択

▶**注**　帰無仮説 H_0，対立仮説 H_1 の設定は，ぜひとも，
データを取る前に
行って下さい．データ（標本実現値）を見てから，仮説を自分の都合のよいように設けてはいけません．

とくに，パラメータ θ の検定で，H_0, H_1，棄却域の形によって，両側検定・片側検定など，次のように名づけられます：

H_0 の形	H_1 の形	棄却域の形	検定の種類	
$\theta = a$	$\theta \neq a$	●-----●	両側	
$\theta = a$	$\theta > a$	--------●	右側	片側
$\theta = a$	$\theta < a$	●--------	左側	

▶**注**　たとえば，テストの平均点について，対立仮説（本音の主張）が，

　　　$H_1 : \mu > 50$ ならば，棄却域は，--------● 　　の形

　　　$H_1 : \mu < 50$ ならば，棄却域は，●-------- 　　の形

また，直径 10 ミリのボルトの製造で，機械が正常に作動しているか否かの検定は，直径が大きくても，小さくてもいけないので，

　　　$H_1 : \mu \neq 10$ であり，棄却域は，●-------● 　　の形

それでは，いよいよ，具体的に話をすすめましょう．

母平均の検定・1　母分散既知の正規母集団の母平均の検定です. 標準正規分布の次の性質を確認しておきましょう：

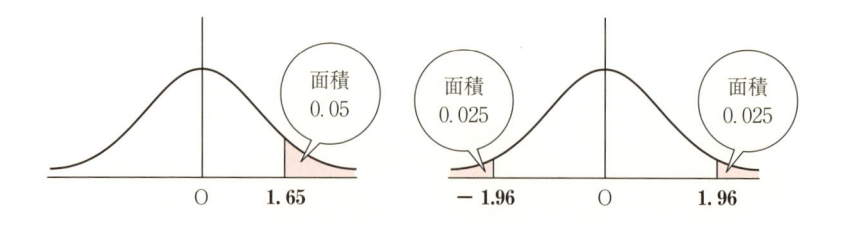

検定法として, まとめておきます.

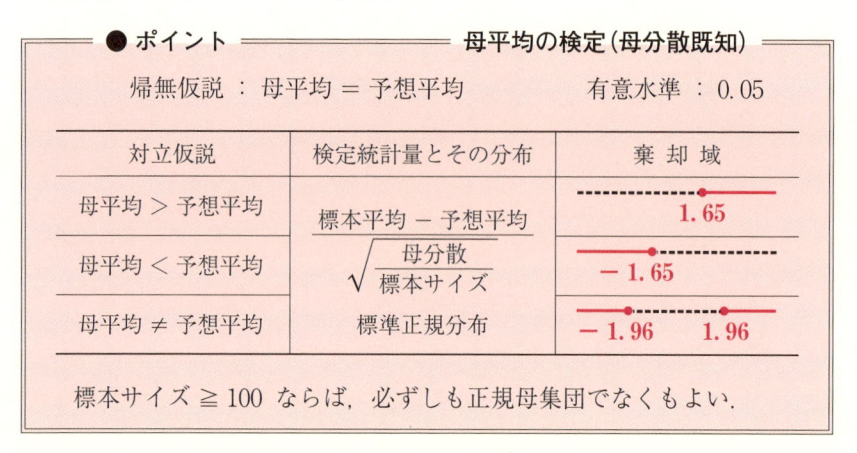

● ポイント ━━━━━━━━━━━ 母平均の検定（母分散既知）

帰無仮説：母平均 ＝ 予想平均　　　有意水準：0.05

対立仮説	検定統計量とその分布	棄却域
母平均 ＞ 予想平均	$\dfrac{標本平均 - 予想平均}{\sqrt{\dfrac{母分散}{標本サイズ}}}$ 標準正規分布	1.65
母平均 ＜ 予想平均		−1.65
母平均 ≠ 予想平均		−1.96　1.96

標本サイズ ≧ 100 ならば, 必ずしも正規母集団でなくもよい.

▶**注**　有意水準が 0.01 のときは, 棄却域の数値を次のように変更：
$$1.65 \Longrightarrow 2.33 \quad 1.96 \Longrightarrow 2.58$$

[例]　ある大手予備校の模試で, 答案 100 枚を無作為抽出したら, 平均点は 53 点だった. 全受験者の平均点は 50 点より上とみてよいか. ただし, 標準偏差は 16 点とし, 有意水準 0.05 で検定せよ.

解　標本平均 ＝ 53, 予想平均 ＝ 50, 母分散 ＝ 16^2, 標本サイズ ＝ 100
　　帰無仮説：母平均 ＝ 50　（点）
"平均点は, 50 点より上とみなしてよいか" というので, 対立仮説は,
　　対立仮説：母平均 ＞ 50　（点）

したがって，

$$\text{検定統計量} = \frac{53 - 50}{\sqrt{\dfrac{16^2}{100}}} = 3 \times \frac{10}{16} = 1.88$$

これは，棄却域に属するので，帰無仮説は棄却され，対立仮説は採択される．

したがって，全受験生の平均点は 50 点より上とみなしてよい．

▶注　以後，"検定統計量実現値"を，"検定統計量"と**略記**することがあります．

母平均の検定・2　今度は，母分散未知の場合です．

この場合は，t 分布を用います．

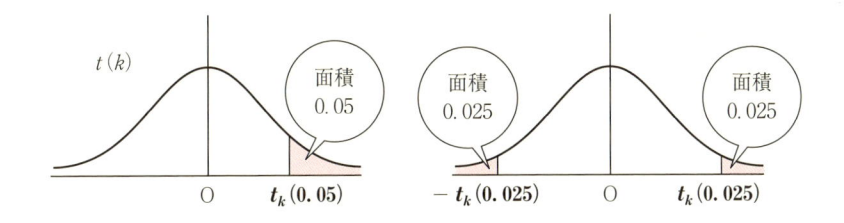

検定法として，まとめておきます．

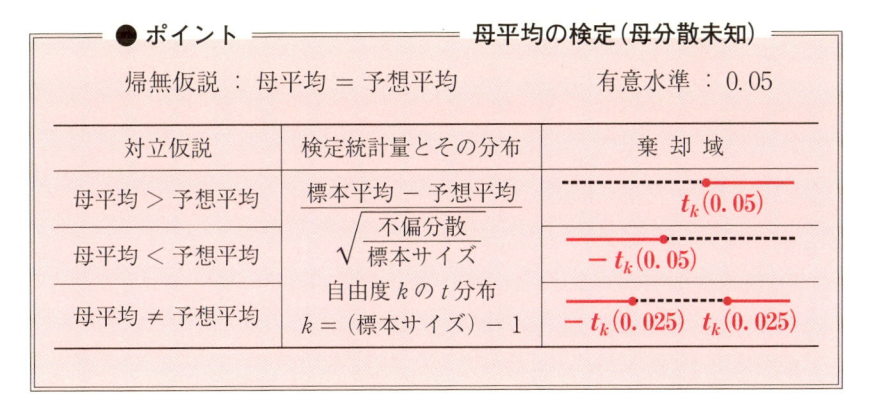

===== ● ポイント ===== 母平均の検定（母分散未知）=====

帰無仮説：母平均 ＝ 予想平均　　　　　有意水準：0.05

対立仮説	検定統計量とその分布	棄却域
母平均 > 予想平均	$\dfrac{\text{標本平均} - \text{予想平均}}{\sqrt{\dfrac{\text{不偏分散}}{\text{標本サイズ}}}}$ 自由度 k の t 分布 $k = (\text{標本サイズ}) - 1$	$t_k(0.05)$
母平均 < 予想平均		$-t_k(0.05)$
母平均 ≠ 予想平均		$-t_k(0.025)\ \ t_k(0.025)$

▶注　不偏分散 $= \dfrac{(\text{標本値} - \text{標本平均})^2 \text{の総和}}{(\text{標本サイズ}) - 1}$

例題 11 — 母平均の検定

（1） ある精密機器メーカーでは，直径の平均が，3.55 cm，標準偏差 0.015 cm のボルトを製造していた．ある日，ボルト 8 本を無作為抽出したら，直径は，次のようであった：

　　3.56　3.53　3.52　3.52　3.54　3.55　3.56　3.52　　（cm）

機械は，正常に作動しているといえるか．有意水準 0.05 で検定せよ．

（2） A 大学理工学部は，Y 予備校の模試で 640 点以上必要であることが過去の資料から分かっている．アキラくんの今年 5 回の模試の成績は，

　　　　590　　650　　620　　585　　615　　（点）

であった．アキラくんは合格できないか．有意水準 0.05 で検定せよ．

[解答]　（1）　**母分散既知**の場合である．

　　帰無仮説：母平均 $= 3.55$　　（cm）

ボルトの直径は，長くても，短かくてもいけないのだから，

　　対立仮説：母平均 $\neq 3.55$　　（cm）

標本平均 $= \dfrac{1}{8} \times (3.56 + 3.53 + \cdots + 3.52) = 3.54$　　◀ 四捨五入

予想平均 $= 3.55$，母分散 $= (0.015)^2$，標本サイズ $= 8$

したがって，

$$検定統計量 = \dfrac{3.54 - 3.55}{\sqrt{\dfrac{(0.015)^2}{8}}} = -1.89$$

（図：数直線上に -1.96，-1.89，1.96 を示す）

これは，棄却域に入らないので，帰無仮説は棄却されない．**結論が得られない**．

▶注　帰無仮説が棄却されないからといって，**正しいと判定されたわけではない**．入手データだけからは結論を下せないので，もう少し多くのデータを採り**再度検定せよ**，ということです．

（2）　**母分散未知**の場合である．
アキラくんの得点力が母平均になる．

　　帰無仮説：母平均 $= 640$　　（点）

合格できないか，と問われたので，

（囲み：母分散未知・小標本　↓　t 分布の利用）

対立仮説：母平均 < 640 （点）

標本平均 $= \dfrac{1}{5} \times (590 + 650 + 620 + 585 + 615) = 612$ （点）

予想平均 $= 640$ （点）　　　標本サイズ $= 5$

不偏分散 $= \dfrac{1}{5-1}\{(590-612)^2 + (650-612)^2 + \cdots + (615-612)^2\}$

$= 682.5$

の左側検定である．t 分布表から，　　　◀ 自由度 ＝（標本サイズ）－ 1

$$t_4(0.05) = 2.13$$
　　　　　　　　　　　　　　　　　　　　＝ 5 － 1 ＝ 4

したがって，

$$\text{検定統計量} = \dfrac{612 - 640}{\sqrt{\dfrac{682.5}{5}}} = -2.40$$

－ 2.40
－ 2.13

これは，棄却域に入るので，帰無仮説は棄却され，対立仮説が採択される．アキラくんは，合格困難と考えられる．

▶ 注　これは，あくまで，統計資料での判断．試験は水物．最後まで努力して欲しいものです．

演習問題 11

（1）　ある学年女子の身長の全国平均は，133.3 cm，標準偏差 5.2 cm の正規分布に従うと考えられる．いま，ある都市で同学年女子 100 人を無作為抽出したら，平均身長 134.3 cm であった．この都市の女子は，身長が高いと言われている．そう考えてよいか，有意水準 0.05 で検定せよ．

（2）　工学部の学生 5 人が，ある土地を測量して，次の結果を得た：

　　　　　6.27　6.30　6.11　6.20　6.32 （ha）

公簿上は，面積は，6.29 ha となっている．これを信用していいか．有意水準 0.05 で検定せよ．

▶ 注　1 ha （ヘクタール）＝ 100 a （アール）＝ 10,000 m^2

§12 母分散・母比率の検定

―― 新製品のバラツキは小さくなったか ――

母分散の検定　ここでは，正規母集団の母分散の検定を扱います．
この正規母集団からの標本について，

$$\frac{\text{偏差平方和}}{\text{母分散}} = \frac{(\text{標本値} - \text{標本平均})^2 \text{の総和}}{\text{母分散}}$$

は，自由度が，(標本サイズ) $- 1$ のカイ二乗分布に従う，のでしたね．この性質は，母分散の信頼区間を求めるときのポイントでもありました．

自由度 k のカイ二乗分布

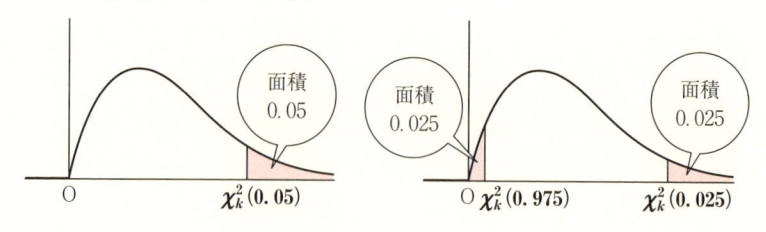

検定法として，まとめておきます．

● ポイント		母分散の検定
帰無仮説：母分散 ＝ 予想分散		有意水準：0.05
対立仮説	検定統計量とその分布	棄却域
母分散 ＞ 予想分散	$\dfrac{\text{偏差平方和}}{\text{予想分散}}$ 自由度 k のカイ二乗分布 $k = (\text{標本サイズ}) - 1$	$\chi_k^2(0.05)$
母分散 ＜ 予想分散		$\chi_k^2(0.95)$
母分散 ≠ 予想分散		$\chi_k^2(0.975)$　$\chi_k^2(0.025)$

対立仮説の形について，付言しますと，

$$\begin{cases} 母分散 > 予想分散 & \cdots \text{バラツキが小さくて困るとき(入試の得点)} \\ 母分散 < 予想分散 & \cdots \text{バラツキを小さくする新製法を開発したとき} \\ 母分散 \neq 予想分散 & \cdots \text{バラツキが大きくても，小さくても望ましく} \\ & \quad \text{ないとき(心電図での波形計測，寒暖の変化)} \end{cases}$$

[例] 次は，八重山列島のタイワンカブト(♀)の採集した7匹の体長である．母分散 = 20 とみてよいか．有意水準 0.05 で検定せよ：

$$35 \quad 31 \quad 44 \quad 34 \quad 41 \quad 39 \quad 35 \quad (\text{mm})$$

解 帰無仮説：母分散 = 20

体長がほとんど同じでも，バラツキが大きすぎても不自然だから，

対立仮説：母分散 $\neq 20$

という**両側検定**を行う．

自由度 = (標本サイズ) $- 1 = 7 - 1 = 6$

$\chi_6^2(0.025) = 14.45$, $\chi_6^2(0.975) = 1.237$ ◀ χ^2 分布表より

標本平均 = 37, 予想分散 = 20

偏差平方和 = $(35-37)^2 + (31-37)^2 + \cdots + (35-37)^2 = 122$

検定統計量 = $\dfrac{\text{偏差平方和}}{\text{予想分散}} = \dfrac{122}{20} = 6.1$

6.1

1.237 **14.45**

これは，棄却域に属さないので，帰無仮説は棄却されない．このデータからは，結論が得られない．

> **帰無仮説**
> 肯定的に使うな！

▶注 帰無仮説が棄却されないからといって，正しいと認められたわけではありません．

母比率の検定 サイズ n の標本のうち，ある性質をもつものの個数 X は，二項分布 $Bin(n, p)$ に従います．ここに，p は母比率です．

n が大きいとき，X は，近似的に，

正規分布 $N(np, np(1-p))$

に従います．ですから，標本比率 $\bar{p} = \dfrac{X}{n}$ は，

正規分布 $N\left(p, \dfrac{p(1-p)}{n}\right)$

に従います．これを，標準化しますと，

$$\dfrac{\bar{p} - p}{\sqrt{\dfrac{p(1-p)}{n}}}$$ は，標準正規分布 $N(0, 1)$ に従う

ことが分かります．

ここまでは，母比率の推定のときと，同一の流れです．

ところで，いま考えている "母比率の検定" では，

$$\text{帰無仮説：母比率} = \text{予想比率}$$

という大前提がありますので，上の式から，

$$\text{検定統計量} = \dfrac{\text{標本比率} - \text{予想比率}}{\sqrt{\dfrac{\text{予想比率} \times (1 - \text{予想比率})}{\text{標本サイズ}}}}$$

を考えることになります．

これが，標準正規分布 $N(0, 1)$ に従うことから，次のような "母比率の検定" の方式が得られます：

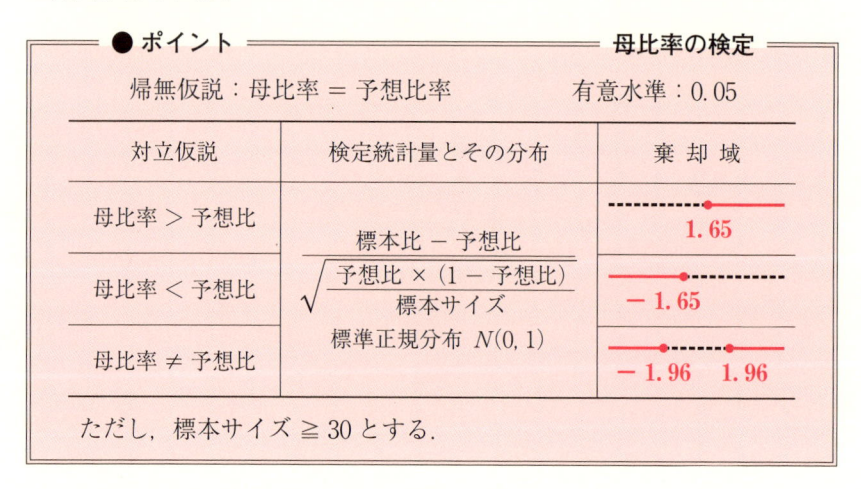

● ポイント ═══════════════════ 母比率の検定

帰無仮説：母比率 = 予想比率　　　　有意水準：0.05

対立仮説	検定統計量とその分布	棄却域
母比率 > 予想比		1.65
母比率 < 予想比	$\dfrac{\text{標本比} - \text{予想比}}{\sqrt{\dfrac{\text{予想比} \times (1 - \text{予想比})}{\text{標本サイズ}}}}$ 標準正規分布 $N(0, 1)$	-1.65
母比率 ≠ 予想比		-1.96　1.96

ただし，標本サイズ $\geqq 30$ とする．

具体例は，**例題 12** をご覧下さい．

プラスα ― 同じデータから正反対の結論

　　　同じデータから，正反対の結論を出すことができますよと言ったら，あなたは，
　　　そんなバカな！　必ずどこかにゴマカシがあるハズだ！
とおっしゃるでしょう．
　しかし，これは，事実なのです．
　話を分かりやすくするために，極端な例を挙げてみます．数値は仮想的なものです．
　いま，文学部・工学部から成るある大学の入試で，受験者数・合格者数は，次のようであったとします：

	文学部			工学部		
	受験者	合格者	合格率	受験者	合格者	合格率
男子	100人	50人	50%	1000人	300人	30%
女子	1000	400	40	10	2	20

　受験生の優劣は，合格者数ではなく"合格率"でしょう．
　このデータを見るかぎり，文学部・工学部ともに，男子の方が合格率が高いのですから"男子の方が優秀だ"という結論になりますね．
　ところが，この同じデータから"女子の方が優秀だ"という結論を導くことができるのです．さあ，どうしたらよいでしょう．
　分かりましたか？　**大学全体**で考えるのです．やってみましょう．

	全学部		
	受験者	合格者	合格率
男子	1100人	350人	31.8%
女子	1010	402	39.8

　以上は，平均点など考えない，上の**データだけ**からの結論です．

例題 12 　　　　　　　　　　　　　　　　　母分散・母比率の検定

（1） 従来，頭の直径の標準偏差が，0.05 cm のリベットを製造していた精密機器メーカーが新製法を開発した．次は，無作為抽出された新製品9個の直径である：

　　4.49　4.51　4.52　4.50　4.48　4.45　4.51　4.46　4.50　（cm）

バラツキは小さくなったといえるか．有意水準 0.05 で検定せよ．

（2） あるテレビ報道番組の視聴率は，従来9%であった．キャスターと番組編成の一部を変更してから，400世帯を無作為抽出したら，43世帯がその番組を見ていた．視聴率は上ったといえるか．有意水準 0.05 で検定せよ．

[解答] （1） "小さくなったといえるか" というので，

$$帰無仮説：母分散 = (0.05)^2$$
$$対立仮説：母分散 < (0.05)^2$$

という**左側検定**を行う．

自由度 = (標本サイズ) − 1 = 9 − 1 = 8

$\chi^2_8(0.95) = 2.73$

予想分散 = $(0.05)^2$

標本平均 = $\dfrac{1}{9} \times (4.49 + 4.51 + 4.52 + \cdots + 4.50) = 4.49$

偏差平方和 = $(4.49 - 4.49)^2 + (4.51 - 4.49)^2 + \cdots + (4.50 - 4.49)^2$
　　　　　 = 0.0045

検定統計量 = $\dfrac{偏差平方和}{予想分散} = \dfrac{0.0045}{(0.05)^2} = 1.80$

　　　　　　　　1.80
　　　　　　●─────┼────────
　　　　　　　　　　2.73

これは，ご覧のように棄却域に入るので，帰無仮説は棄却され，対立仮説が採択される．よって，バラツキは小さくなったといえる．

（2） "上ったといえるか" というので，

$$帰無仮説：母比率 = 0.09　（\%）$$

対立仮説：母比率 ＞ 0.09

という**右側検定**を行う．

$$\text{予想比率} = 0.09, \quad \text{標本比率} = \frac{43}{400} = 0.11$$

$$\text{検定統計量} = \frac{\text{標本比} - \text{予想比}}{\sqrt{\dfrac{\text{予想比} \times (1-\text{予想比})}{\text{標本サイズ}}}} = \frac{0.11 - 0.09}{\sqrt{\dfrac{0.09 \times (1-0.09)}{400}}}$$

$$= 1.40$$

1.40
- - - - - - - - - - - ◆ - - - - ━━━━━━
1.65

これは，棄却域に入らないので，帰無仮説は棄却されない．このデータからは，結論は得られない．

演習問題 12

（1） ある学年の生徒 10 人を無作為抽出し，身長を測定したら，
150 141 146 145 149 143 145 148 152 141 （cm）
であった．母分散は，$(2.6\,\text{cm})^2$ より大きいと考えてよいか．有意水準 0.05 で検定せよ．

（2） 1 枚のコインを，600 回投げたら，表(オモテ)が 327 回出た．このコインは異常と考えてよいか．有意水準 0.05 で検定せよ．

▶**注** 正常 ⟺ 表の出る確率 ＝ 1/2，異常 ⟺ 正常でない と考える．

§13 有意差検定

A, B 両支店の営業成績に差があるか

等平均仮説の検定・1 この§では，二つの正規母集団 A, B を考えて，それらの母平均・母比率に**差があるか**どうか考えることにします．

いま，母集団 A の母平均，母分散，母比率を，それぞれ，

$$\text{母平均 A, 母分散 A, 母比率 A}$$

とかくことにします．母集団 A からの標本平均，標本サイズも，それぞれ，標本平均 A, 標本サイズ A とかきます．母集団 B についても，同様です．

正規母集団 A, B について，

$$\text{標本平均 A} - \text{標本平均 B}$$

は，正規分布

$$N\left(\text{母平均 A} - \text{母平均 B}, \ \frac{\text{母分散 A}}{\text{標本サイズ A}} + \frac{\text{母分散 B}}{\text{標本サイズ B}}\right)$$

に従うことが知られています． ◀正規分布の再生性

したがって，

$$\frac{(\text{標本平均 A} - \text{標本平均 B}) - (\text{母平均 A} - \text{母平均 B})}{\sqrt{\dfrac{\text{母分散 A}}{\text{標本サイズ A}} + \dfrac{\text{母分散 B}}{\text{標本サイズ B}}}}$$

は，標準正規分布に従います．とくに，

$$\text{母平均 A} = \text{母平均 B}$$

のときは，

$$\frac{\text{標本平均 A} - \text{標本平均 B}}{\sqrt{\dfrac{\text{母分散 A}}{\text{標本サイズ A}} + \dfrac{\text{母分散 B}}{\text{標本サイズ B}}}}$$

は，標準正規分布に従うことが分かります．

> ▶**参考** $\dfrac{\bar{X}_A - \bar{X}_B}{\sqrt{\dfrac{\sigma_A^2}{n_A} + \dfrac{\sigma_B^2}{n_B}}}$ は，$N(0, 1)$ に従う．

検定法として，まとめておきます．

● ポイント ══════════ 等平均仮説の検定（母分散既知）

帰無仮説：母平均 A ＝ 母平均 B　　　　有意水準：0.05

対立仮説	検定統計量とその分布	棄却域
母平均 A ＞ 母平均 B	検定統計量：別記 標準正規分布	1.65
母平均 A ＜ 母平均 B		－1.65
母平均 A ≠ 母平均 B		－1.96　1.96

$$\text{検定統計量} = \frac{\text{標本平均 A} - \text{標本平均 B}}{\sqrt{\dfrac{\text{母分散 A}}{\text{標本サイズ A}} + \dfrac{\text{母分散 B}}{\text{標本サイズ B}}}}$$

ただし，**各標本サイズが大きいとき**，母分布は必ずしも正規分布でなくてもよい．母分散が未知でも，標本分散で近似できる．

［例］ 6歳児男子を，A市から90人，B市から120人を無作為抽出して身長測定したら，それぞれ，平均身長 116.3 cm, 117.0 cm であった．この年令男子の身長は分散 4.8 cm の正規分布に従うとして，両市に身長差があるか．有意水準 0.05 で検定せよ．

解　帰無仮説：母平均 A ＝ 母平均 B
　　　対立仮説：母平均 A ≠ 母平均 B

という両側検定を行う．

$$\text{検定統計量} = \frac{\text{標本平均 A} - \text{標本平均 B}}{\sqrt{\dfrac{\text{母分散 A}}{\text{標本サイズ A}} + \dfrac{\text{母分散 B}}{\text{標本サイズ B}}}} = \frac{116.3 - 117.0}{\sqrt{\dfrac{4.8}{90} + \dfrac{4.8}{120}}}$$

$$= -2.29$$

これは，棄却域に入るので帰無仮説は棄却される．両市に**差がある**といえる．

－2.29
－1.96　1.96

第 2 章　推測統計序説

等平均仮説の検定・2 今度は，母分散未知の場合です．ただし，各母分散の値は未知でも，"母分散 A ＝ 母分散 B" は既知とします．

未知の母分散の代用品として，不偏分散 A と不偏分散 B と合併した

$$\text{不偏分散} = \frac{\text{偏差平方和 A} + \text{偏差平方和 B}}{(\text{標本サイズ A} - 1) + (\text{標本サイズ B} - 1)}$$

を用います．このとき，

$$\frac{(\text{標本平均 A} - \text{標本平均 B}) - (\text{母平均 A} - \text{母平均 B})}{\sqrt{\left(\dfrac{1}{\text{標本サイズ A}} + \dfrac{1}{\text{標本サイズ B}}\right) \times \text{不偏分散}}}$$

は，自由度（標本サイズ A）＋（標本サイズ B）－2 の t 分布に従うことが知られています．

検定法として，まとめておきます．

● ポイント 等平均仮説の検定（母分散未知）

帰無仮説：母平均 A ＝ 母平均 B　　　　有意水準：0.05

対立仮説	検定統計量とその分布	棄却域
母平均 A ＞ 母平均 B	検定統計量：別記 自由度 k の t 分布	$t_k(0.05)$ 右側
母平均 A ＜ 母平均 B		$-t_k(0.05)$ 左側
母平均 A ≠ 母平均 B		$-t_k(0.025)$, $t_k(0.025)$ 両側

"母分散 A ＝ 母分散 B" は既知．各値は未知．

$k = $ 自由度 ＝（標本サイズ A）＋（標本サイズ B）－2

$$\text{検定統計量} = \frac{\text{標本平均 A} - \text{標本平均 B}}{\sqrt{\left(\dfrac{1}{\text{標本サイズ A}} + \dfrac{1}{\text{標本サイズ B}}\right) \times \text{不偏分散}}}$$

$$\text{不偏分散} = \frac{\text{偏差平方和 A} + \text{偏差平方和 B}}{(\text{標本サイズ A} - 1) + (\text{標本サイズ B} - 1)}$$

[例] 次は，母分散が等しい正規母集団からの標本値である：

A : 34 30 31 35 32 36
B : 37 35 33 39 36

両母集団の母平均は等しいとみてよいか．有意水準 0.05 で検定せよ．

解　帰無仮説 : 母平均 A = 母平均 B
　　対立仮説 : 母平均 A ≠ 母平均 B

という両側検定を行う．

自由度 = (標本サイズ A) + (標本サイズ B) $-2 = 6 + 5 - 2 = 9$
$t_9(0.025) = 2.26$
標本平均 A = 33, 標本平均 B = 36　　◀ **正直に計算する**
偏差平方和 A = $(34-33)^2 + (30-33)^2 + \cdots + (36-33)^2 = 28$
偏差平方和 B = $(37-36)^2 + (35-36)^2 + \cdots + (36-36)^2 = 20$
不偏分散 = $\dfrac{28+20}{(6-1)+(5-1)} = \dfrac{48}{9}$
検定統計量 = $\dfrac{33-36}{\sqrt{\left(\dfrac{1}{6}+\dfrac{1}{5}\right)\times\dfrac{48}{9}}} = -2.15$

これは，棄却域に入らないので，帰無仮説は棄却されない．両母平均は等しくないとはいえない．**結論は得られない．**

母比率の有意差検定　母集団 A, B の母比率の差の検定を扱います．

母比率の検定のときのように，次が成立します：

標本比率 A は，$N\left(\text{母比率 A}, \dfrac{\text{母比率 A} \times (1-\text{母比率 A})}{\text{標本サイズ A}}\right)$ に，

標本比率 B は，$N\left(\text{母比率 B}, \dfrac{\text{母比率 B} \times (1-\text{母比率 B})}{\text{標本サイズ B}}\right)$ に，

近似的に従います．このとき，

$$\dfrac{(\text{標本比率 A} - \text{標本比率 B}) - (\text{母比率 A} - \text{母比率 B})}{\sqrt{\dfrac{\text{母比率 A} \times (1-\text{母比率 A})}{\text{標本サイズ A}} + \dfrac{\text{母比率 B} \times (1-\text{母比率 B})}{\text{標本サイズ B}}}}$$

は，標準正規分布 $N(0,1)$ に従うことが示されます．

いま，"母比率 A ＝ 母比率 B" と仮定し，母比率 A，母比率 B をともに，母集団 A, B を合併した

$$標本比率 = \frac{(標本比率 A \times サイズ A) + (標本比率 B \times サイズ B)}{サイズ A + サイズ B}$$

で代用すると，けっきょく，次の検定統計量を考えることになります：

$$\frac{標本比率 A - 標本比率 B}{\sqrt{\left(\dfrac{1}{サイズ A} + \dfrac{1}{サイズ B}\right) \times 標本比率 \times (1 - 標本比率)}}$$

これは，近似的に標準正規分布 $N(0, 1)$ に従います．

▶注 "サイズ A" は "標本サイズ A" の略．B の方も同様です．

検定法として，まとめておきます．

● ポイント ━━━━━━━━━━━━━━ **母比率の有意差検定**

帰無仮説：母比率 A ＝ 母比率 B　　　　有意水準：0.05

対立仮説	検定統計量とその分布	棄却域
母比率 A ＞ 母比率 B	検定統計量：別記 標準正規分布	1.65
母比率 A ＜ 母比率 B		－1.65
母比率 A ≠ 母比率 B		－1.96　　1.96

$$標本比率 = \frac{(標本比率 A \times サイズ A) + (標本比率 B \times サイズ B)}{サイズ A + サイズ B}$$

$$検定統計量 = \frac{標本比率 A - 標本比率 B}{\sqrt{\left(\dfrac{1}{サイズ A} + \dfrac{1}{サイズ B}\right) \times 標本比 \times (1 - 標本比)}}$$

[例] A, B 両君は，よく射撃練習に行く．偶然に選んだある日，A 君は，60 回中 30 回，B 君は 70 回中 25 回命中した．腕前に差があるといえるか．有意水準 0.05 で検定せよ．

解 両君の命中するバラツキに差はないとする．母比率 = 命中率．

帰無仮説：母比率 A = 母比率 B　　（腕前に差はない）

対立仮説：母比率 A ≠ 母比率 B　　（腕前に差がある）

という両側検定を行う．

標本サイズ A = 60,　　標本サイズ B = 70

標本比率 A = $\dfrac{30}{60}$ = 0.500,　　標本比率 B = $\dfrac{25}{70}$ = 0.357

標本比率 = $\dfrac{\left(\dfrac{30}{60} \times 60\right) + \left(\dfrac{25}{70} \times 70\right)}{60 + 70}$ = $\dfrac{55}{130}$ = 0.423

検定統計量 = $\dfrac{0.500 - 0.357}{\sqrt{\left(\dfrac{1}{60} + \dfrac{1}{70}\right) \times 0.423 \times (1 - 0.423)}}$ = 1.64

これは，棄却域に入っていないので，帰無仮説は棄却されない．与えられたデータからは，結論は得られない．

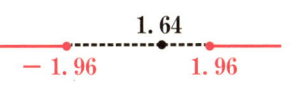

プラスα ─ 正規分布の再生性 ─

正規分布に従う独立な確率変数の和も正規分布に従い，その期待値・分散は，それぞれ，もとの期待値の和・分散の和である．

▶**参考**　X, Y は独立で，

X は，$N(\mu_A, \sigma_A^2)$ に従う．Y は，$N(\mu_B, \sigma_B^2)$ に従う．

このとき，

$X + Y$ は，$N(\mu_A + \mu_B, \sigma_A^2 + \sigma_B^2)$ に従う．

例題 13 — 有意差検定

（1） 次は，ある高校の右握力測定の結果である．運動部員の方が文化部員より握力が強いといえるか，有意水準 0.05 で検定せよ．

	人数	平均握力	標準偏差
運動部員	30 人	29.7 kg	4.7 kg
文化部員	25	27.4	4.3

（2） 若年層(20代)・中年層(40代)の洋酒を好む人数を調べて，次の結果を得た．嗜好に世代差があるか．有意水準 0.05 で検定せよ．

	人数	洋酒好き
若年層	90 人	45 人
中年層	80	24

[解答]（1） A：運動部　　B：文化部

標本サイズが小さくないので，"母分散 ≒ 標本分散" とみなす． ◀ 母分散既知 とみなせる

帰無仮説：母平均 A ＝ 母平均 B

対立仮説：母平均 A ＞ 母平均 B

という**右側検定**を行う．

$$\text{検定統計量} = \frac{29.7 - 27.4}{\sqrt{\dfrac{(4.7)^2}{30} + \dfrac{(4.3)^2}{25}}} = 1.89$$

これは，棄却域に入っているので，帰無仮説は棄却される．対立仮説が採択され，**運動部員の方が握力が強いと**みなせる．

1.65　　1.89

（2） A：若年層　　B：中年層

帰無仮説：母比率 A ＝ 母比率 B

対立仮説：母比率 A ≠ 母比率 B

という**両側検定**を行う．

$$\text{標本比率 A} = \frac{45}{90} = 0.500, \quad \text{標本比率 B} = \frac{25}{80} = 0.313$$

$$\text{標本比率} = \frac{(0.500 \times 90) + (0.313 \times 80)}{90 + 80} = \frac{70}{170} = 0.412$$

$$\text{検定統計量} = \frac{0.500 - 0.313}{\sqrt{\left(\frac{1}{90} + \frac{1}{80}\right) \times 0.412 \times (1 - 0.412)}} = 2.71$$

これは,棄却域に入るので,帰無仮説は,棄却される.嗜好に世代差があるとみなせる.

演習問題 13

(1) 自動車販売のM社は,A, B両支店に,それぞれ,8人,6人のセールスマンがいる.次は,ある年の販売実績である.両支店の営業成績に差があるといえるか.有意水準0.05で検定せよ.

支店	販売員	平均販売台数	標準偏差
A	8人	220台	18台
B	6	235	15

(2) 次の表から,母集団Aの方が母集団Bより母比率が高いと考えてよいか.有意水準0.05で検定せよ.

	標本サイズ	標本比率
A	200	0.32
B	150	0.23

§14 適合度・独立性の検定

―― メンデルの法則を検証する法 ――

適合度の検定 ある農業試験場でのエンドウ豆の交配実験の結果は，次のようでした：

種　類	円形黄色	円形緑色	角形黄色	角形緑色	計
実測値	268	71	91	18	448

メンデルの遺伝の法則によれば，これら各種の個数は，9：3：3：1という比率になります．さあ，この実験結果は，メンデルの法則に適合しているでしょうか？ もし，キッチリ9：3：3：1になっていれば，各種の個数は，総数448個の $\frac{9}{16}, \frac{3}{16}, \frac{3}{16}, \frac{1}{16}$ すなわち，

$$448 \times \frac{9}{16} = 252, \quad 448 \times \frac{3}{16} = 84, \quad 448 \times \frac{3}{16} = 84, \quad 448 \times \frac{1}{16} = 28$$

になるハズです．これが，**理論値**です．

この数字を見て〝メンデルの法則に合致していません！〟と言ってはいけません．上の実測値は，現在・過去・未来のエンドウ豆の全体というものを想定し，それを母集団としたときの一つの**標本**なのですから．

このとき，実測値と理論値との〝ズレ〟で，このズレが小さいほど，交配結果が法則によく適合しているわけです．

問題は，**このズレをどこまで許すか**，その**ボーダーライン**です．

そこで，いま，各種類の〝一粒あたりのズレ〟の合計，すなわち，

$$\frac{(実測値 - 理論値)^2}{理論値} \text{ の総和}$$

を考えますと，じつは，これは，実測値，理論値が大きいときは，近似的に，

$$自由度 = (クラスの数) - 1 \text{ のカイ二乗分布}$$

に従うことが知られているのです．

検定法としてまとめておきます．

●ポイント — 適合度の検定

帰無仮説：各クラスで，母比率 ＝ 標本比率　　有意水準：0.05

対立仮説	検定統計量とその分布	棄却域
あるクラスで，母比率 ≠ 標本比率 となる．	$\dfrac{(実測値 - 理論値)^2}{理論値}$ の総和 自由度 k のカイ二乗分布 $k = (クラスの数) - 1$	$\chi^2_k(0.05)$

ただし，各理論値 ＝ (実測値の総和)×(母比率) ≧ 5 とする．

▶注　この検定を，χ^2 検定とよび，つねに右側検定です．

[例] 上に挙げた例についてやってみましょう．

クラス：円黄，円緑，角黄，角緑　　◀円は角に優性，黄は緑に優性

帰無仮説：各クラスの比率は，9 : 3 : 3 : 1 である

対立仮説：各クラスの比率は，9 : 3 : 3 : 1 ではない

自由度 ＝ (クラスの数) − 1 = 4 − 1 = 3

$\chi^2_3(0.05) = 7.82$　　　　　　　　　　◀ χ^2 分布表より

$$検定統計量 = \frac{(268-252)^2}{252} + \frac{(71-84)^2}{84} + \frac{(91-84)^2}{84} + \frac{(18-28)^2}{28} = 7.18$$

これは，棄却域に入らないので，帰無仮説は，棄却されない．比率 9 : 3 : 3 : 1 を否定することはできない．

> この χ^2 検定は，帰無仮説は棄却されないという形で使われることが多いのです。

独立性の検定　ある日の太郎・次郎・三郎の作業成果は，次のようでした：

	太郎	次郎	三郎	計
午前	48	59	33	140
午後	49	64	47	160
夜間	50	45	25	120
計	147	168	105	420

◀実現値

時間帯による作業能率に，個人差があるでしょうか？
じつは，内々

　　対立仮説：時間帯による作業能率に個人差がある

と感じているので，この検定を行うわけです．そこで，一応，

　　帰無仮説：時間帯による作業能率に個人差はない

と仮定します．

このとき，たとえば，午前については，全成果140を，
$$147 : 168 : 105 = 7 : 8 : 5$$
に比例配分すれば，
$$140 \times \frac{7}{20} = 49, \quad 140 \times \frac{8}{20} = 56, \quad 140 \times \frac{5}{20} = 35$$
になります．午後・夜間も，同様の計算で，次の表が得られます：

	太郎	次郎	三郎	計
午前	49	56	35	140
午後	56	64	40	160
夜間	42	48	30	120
計	147	168	105	420

◀理論値

上の表が実現値，下の表が理論値です．

問題は，この理論値と実現値との**食い違い**ですから，
$$\frac{(実現値 - 理論値)^2}{理論値} \text{の総和}$$
を作ってみます：

$$\text{検定統計量実現値} = \frac{(48-49)^2}{49} + \frac{(59-56)^2}{56} + \frac{(33-35)^2}{35}$$
$$+ \frac{(49-56)^2}{56} + \frac{(64-64)^2}{64} + \frac{(47-40)^2}{40}$$
$$+ \frac{(50-42)^2}{42} + \frac{(45-48)^2}{48} + \frac{(25-30)^2}{30} = 4.94$$

そこで，カイ二乗分布の自由度ですが，一般には，

自由度 = (縦の階級数 − 1) × (横の階級数 − 1)

になります．いまの場合，

$$\text{自由度} = (3-1) \times (3-1) = 4$$
$$\chi_4^2(0.05) = 9.49$$

検定統計量実現値は，棄却域に入っていない．

〝個人差がない〟は否定できない．**個人差があるとはいえない**．

プラスα ─────────────── 2×2分割表

A＼B	B_1	B_2	計
A_1	a	b	$a+b$
A_2	c	d	$c+d$
計	$a+c$	$b+d$	N

実測値が，上の表の場合，検定統計量実現値は，

$$\frac{N(ad-bc)^2}{(a+b)(c+d)(a+c)(b+d)}$$

$a \sim d$ の中に，10以下の数があるとき，半整数補正を行って，

$$\frac{N(|ad-bc| - N/2)^2}{(a+b)(c+d)(a+c)(b+d)}$$

例題 14 — 適合度の検定

4枚のコインを32回投げて，次の結果を得た：

表の枚数	0	1	2	3	4	計
実測回数	1	6	18	4	3	32

コインの表の枚数は，試行回数32，生起確率$\frac{1}{2}$の二項分布$Bin\left(32, \frac{1}{2}\right)$に従っているといえるか．有意水準 0.05 で検定せよ．

[解答] 帰無仮説：表の枚数は，$Bin(32, 1/2)$ に従う
　　　　　対立仮説：表の枚数は，$Bin(32, 1/2)$ に従わない

このとき，次の表が得られる：

表の枚数	0	1	2	3	4	計
実測回数	1	6	18	4	3	32
	_7_			_7_		
理論回数	2	8	12	8	2	32
	_10_			_10_		

◀理論回数の求め方は，右ページ

このように，理論回数＜5 のときは，**隣接のクラスと合併する**．その結果，クラスは，3クラスになる．

$$\text{自由度} = (\text{クラスの数}) - 1 = 3 - 1 = 2$$
$$\chi^2_2(0.05) = 5.99$$

そこで，

$$\text{検定統計量実現値} = \frac{(7-10)^2}{10} + \frac{(18-12)^2}{12} + \frac{(7-10)^2}{10}$$
$$= 4.80$$

これは，棄却域に入らないので，帰無仮説は棄却されない．表の枚数は，$Bin(32, 1/2)$ に**従っていないとはいえない**．

4.80　5.99

▶**注** 4枚のコインの表(**H**ead), 裏(**T**ail) の出方は, 次の 16 通り:

$$
\begin{array}{c}
\text{TTTT} \\
\text{HTTT} \quad \text{THTT} \quad \text{TTHT} \quad \text{TTTH} \\
\text{HHTT} \quad \text{HTHT} \quad \text{HTTH} \quad \text{THHT} \quad \text{THTH} \quad \text{TTHH} \\
\text{HHHT} \quad \text{HHTH} \quad \text{HTHH} \quad \text{THHH} \\
\text{HHHH}
\end{array}
$$

したがって, H の枚数が, 0, 1, 2, 3, 4 の確率は, それぞれ,

$$\frac{1}{16}, \frac{4}{16}, \frac{6}{16}, \frac{4}{16}, \frac{1}{16}$$

ですから, 32 回投げたときの H の枚数の期待値は, それぞれ,

2, 8, 12, 8, 2   (枚)

▶**参考** 出た表の枚数を X とすると,

$$P(X=k) = {}_4C_k \left(\frac{1}{2}\right)^k \left(1-\frac{1}{2}\right)^{4-k} = \frac{{}_4C_k}{2^4} \quad (0 \leq k \leq 4)$$

=== **演習問題 14** ===

(1) 1個のサイコロを 300 回投げて, 下表を得た. このサイコロは正常 (どの目の出る確率も 1/6) といえるか. 有意水率 0.05 で検定せよ.

目の種類	⚀	⚁	⚂	⚃	⚄	⚅	計
出現回数	57	48	64	51	39	41	300

(2) ある都市で 240 組の姉妹を抽出して下表を得た. 姉妹のあいだに性格の関連があるか. 有意水準 0.05 で検定せよ.

姉＼妹	内向的	温 和	外向的
内向的	17	29	14
温 和	20	62	38
外向的	11	29	20

§15 無相関検定

数学が高得点なら物理も？

無相関検定 いままで，いろいろ勉強してきましたが，最後は，母相関係数が0かどうかの検定と，母分布が正規分布とみなせるかどうかを，図から判定する方法です．

まず，無相関検定です．

いま，母相関係数 $=0$ の2次元正規母集団からのサイズ n の標本を考えます．このとき，

$$\frac{\sqrt{k} \times 標本相関係数}{\sqrt{1-(標本相関係数)^2}}$$ は，自由度 k の t 分布に従う

ことが知られています．ただし，$k=$（標本サイズ）-2 です．

▶**注** 確率変数のペア (X, Y) を，**2次元確率変数**とよびますが，この確率分布は，曲面で表わされ，**確率密度曲面**といいます．

2次元正規分布は，下図のような確率密度曲面をもちます．

x 軸に垂直な平面による切り口も，y 軸に垂直な平面による切り口も，正規曲線になります．

とくに，母相関係数 $=0$ のときは，X, Y は独立になります．

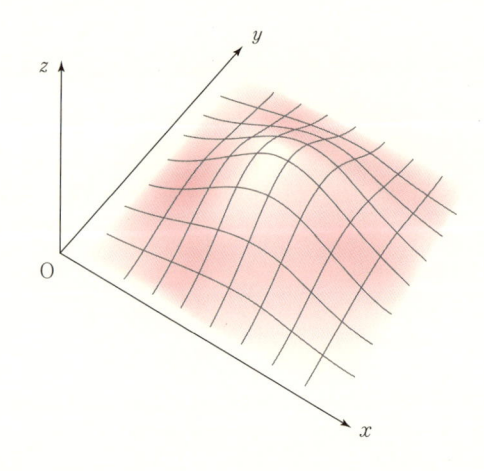

検定法として，まとめておきます．

● ポイント		無相関検定
帰無仮説：母相関係数 $=0$		有意水準：0.05
対立仮説	検定統計量とその分布	棄 却 域
母相関係数 $\neq 0$	$\dfrac{\sqrt{k} \times 標本相関係数}{\sqrt{1-(標本相関係数)^2}}$ 自由度 k の t 分布 $k=(標本サイズ)-2$	$-t_k(0.025) \quad t_k(0.025)$

さっそく，次の例をご覧下さい．

[例]　ある2次元正規母集団からの標本相関係数は，0.1 であった．母相関係数 $\neq 0$ とみなしてよいか．有意水準 0.05 で検定せよ．

（1）　標本サイズ $=40$ のとき．

（2）　標本サイズ $=400$ のとき．

　解　帰無仮説：母相関係数 $=0$
　　　対立仮説：母相関係数 $\neq 0$

（1）　自由度 $=(標本サイズ)-2=40-2=38$

$$t_{38}(0.025) \fallingdotseq t_{40}(0.025) = 2.02$$

検定統計量実現値 $= \dfrac{\sqrt{40-2} \times 0.1}{\sqrt{1-(0.1)^2}} = 0.62$

これは，棄却域に入らないので，帰無仮説は，棄却されない．

（2）　標本サイズ $=400$ は，**大きい**ので，検定統計量は，**標準正規分布に従うと考えてよい**．

検定統計量実現値 $= \dfrac{\sqrt{400-2} \times 0.1}{\sqrt{1-(0.1)^2}} = 2.01$

これは，棄却域に入っているので，帰無仮説は，棄却される．母相関係数 $\neq 0$ とみなしてよい．

▶注　このように，**標本サイズが大きい**と，標本相関係数 ＝ 0.1 であっても，帰無仮説は棄却され，"母相関係数 ≠ 0 とみなしてよい"ということになってしまうのです．

　これは，文字どおり，母相関係数が"0 ではない"ということで，これを"強い関係がある"と**誤解**しないで下さい．

　"標本サイズが大きい"というのは，**高性能顕微鏡**のようなもので，微かな関係もハッキリ，大きく見えてしまうのです．

　標本サイズが大きいときは，推定だ，検定だ，と言わずに，思い切って，標本相関係数を母相関係数として使っても，さしつかえないでしょう．

| 母相関係数 ＝ 0 が棄却された
▼
"強い相関あり"と誤解するな！ |

　また，相関係数は，一つでも**外れ値**(飛び離れたデータ)があると，**大きく変わってしまうのです**．相関係数という"数値"だけでなく，ぜひとも，散布図という"図"も描いてみることをおすすめします．

プラスα ── 相関関係と因果関係

　町内会の納涼盆踊りの参加者から，4人をアットランダムに選んで，簡単な算数の問題を解いてもらい，次の結果を得ました：

| 身長 | 113 | 133 | 160 | 166 | （cm） |
| 得点 | 0 | 4 | 8 | 10 | （点） |

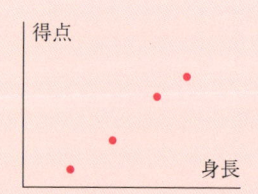

　この結果は，身長と得点のあいだに強い相関関係があることを示していますが，身長が知能の原因とはいえませんね．**相関関係と因果関係とは別物**です．じつは，113 cm は幼稚園児，166 cm は大学生でした．身長と得点のあいだに"年令"が介在していたのです．

正規確率紙　母分布は正規分布とみなせるか？ ── これを，**図から判定**する方法があります．

　正規分布とみなせる，となれば，その母平均・母分散(母標準偏差)も図から読みとれる ── こんな嬉しい方法があるのです．**正規確率紙**です．

　目盛は，次のようにできています：

　　横　軸 … 等分目盛
　　縦　軸 … 座標 y の点に，x までの相対累積 % を目盛る

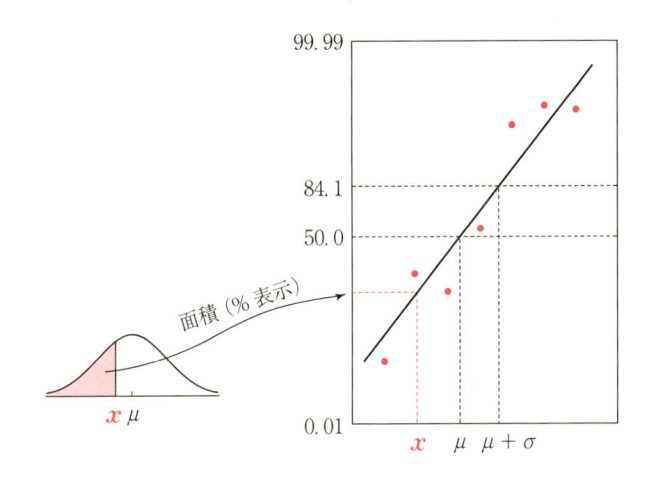

　いま，次の(簡略)度数分布表より，母分布が正規分布とみなせるかどうかを判定します：

階　級	度数	相対累積度数 (%)
$\sim a_1$	f_1	$b_1 = 100 f_1/N$
$a_1 \sim a_2$	f_2	$b_2 = 100(f_1+f_2)/N$
$a_2 \sim a_3$	f_3	$b_3 = 100(f_1+f_2+f_3)/N$
⋮	⋮	⋮
$a_n \sim$	f_{n+1}	$b_{n+1} = 100$
計	N	

この母分布が正規分布とみなせるとき，n 個の点
$$(a_1, b_1),\ (a_2, b_2),\ \cdots,\ (a_n, b_n)$$
は，正規確率紙上に，**ほぼ一直線**に並びます．このとき，この直線と，
　　50.0％ラインとの交点の横座標 ＝ 平均
　　84.1％ラインとの交点の横座標 ＝ 平均 ＋ 標準偏差
になっているのです．

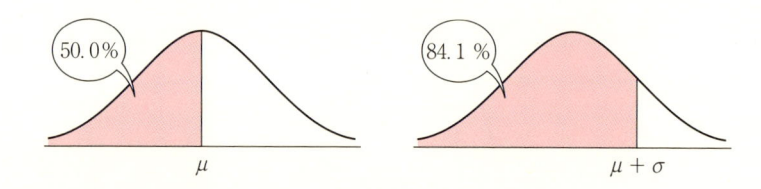

[例] 下の(簡略)度数分布表によって，具体的にやってみます：

階　級	度数	累積相対度数
29.5 〜 39.5	6	11
39.5 〜 49.5	11	31
49.5 〜 59.5	14	56
59.5 〜 69.5	10	75
69.5 〜 79.5	7	87
79.5 〜 89.5	4	95
89.5 〜 99.5	3	100
計	55	

点 $(29.5, 6),\ (39.5, 11),\ (49.5, 31),\ (59.5, 56),\ \cdots,\ (89.5, 94)$
を，正規確率紙上にプロットすると，右ページのようになり，ほぼ一直線上に並ぶから，母分布は正規分布とみなせる．**目分量**で引いた直線と，
　　50.0％ラインとの交点より　…　平均 ＝ 59
　　84.1％ラインとの交点より　…　平均 ＋ 標準偏差 ＝ 76
これより，
　　　　　平均 ＝ 59，標準偏差 ＝ 17

▶注　度数分布表から直接計算すると，平均 ＝ 59.0，標準偏差 ＝ 16.3

第 2 章　推測統計序説

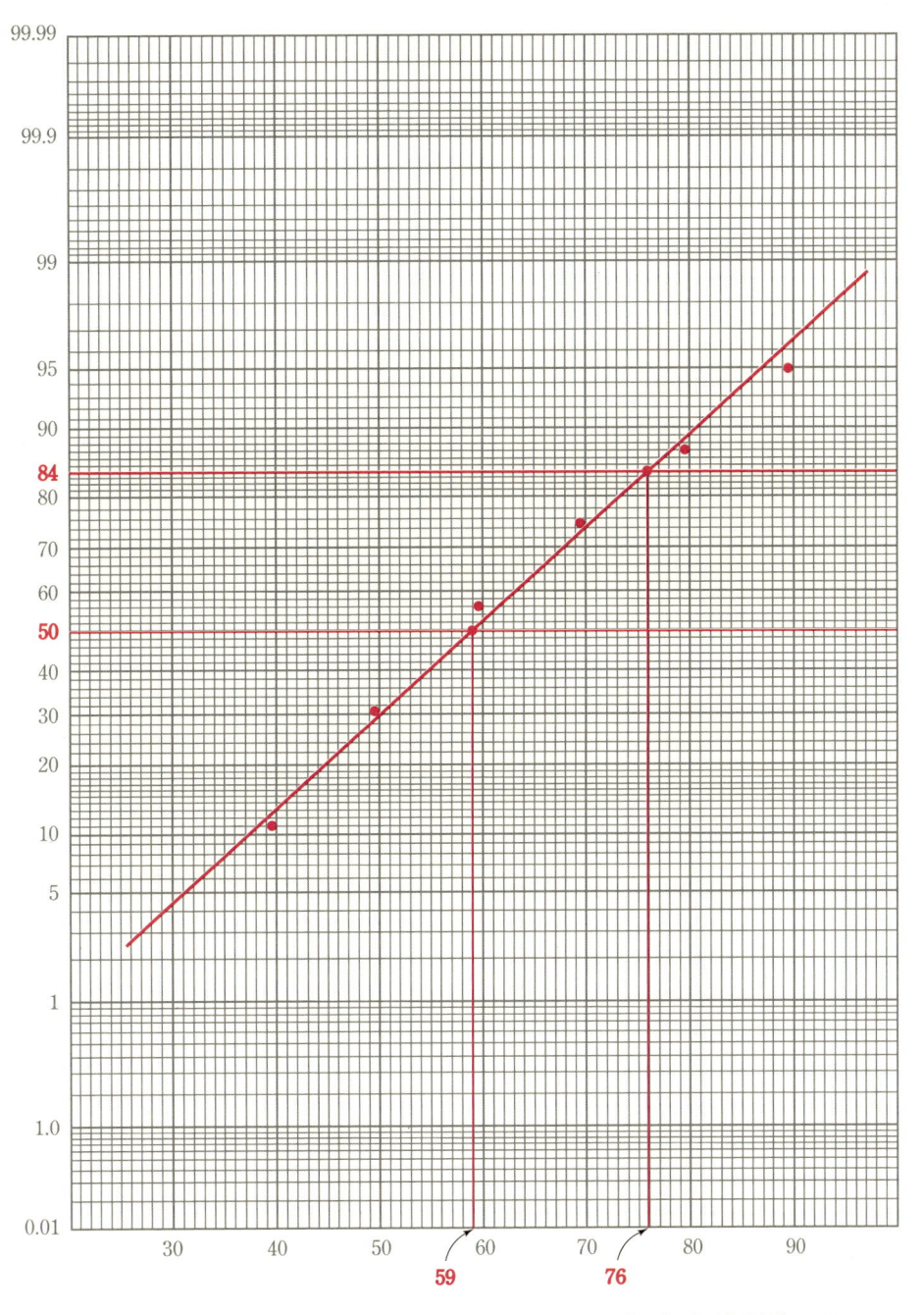

例題 15 — 無相関検定

ある大手予備校の模試で，30人を抽出したら，数学と物理の得点の相関係数は，0.25であった．

無相関といえるか，有意水準0.05で検定せよ．

[解答]　帰無仮説 : 母相関係数 $= 0$

対立仮説 : 母相関係数 $\neq 0$

自由度 $= 30 - 2 = 28$，　$t_{28}(0.025) = 2.05$

検定統計量実現値 $= \dfrac{\sqrt{30-2} \times 0.25}{\sqrt{1-(0.25)^2}} = 1.37$

これは，棄却域に入っていないので，帰無仮説は棄却されない．

相関があるとはいえない．

▶注　もし，標本サイズ $= 60$ ならば，**母分布は標準正規分布**とみなされ，

検定統計量実現値 $= \dfrac{\sqrt{60-2} \times 0.25}{\sqrt{1-(0.25)^2}} = 1.97 > 1.96$

で，きわどく，帰無仮説は棄却されてしまいます．

演習問題 15

(1) ある大学入試で，50人を無作為抽出したら，英語と国語の得点の相関係数は，0.21であった．両科目の成績に相関関係があるといえるか．有意水準0.05で検定せよ．

(2) 次は，学生90人の得点分布である：

得点	～29	30～39	40～49	50～59	60～69	70～79	80～	計
人数	3	12	18	35	15	5	2	90

正規確率紙を用いて，得点分布が正規分布と考えてよいか判定し，採択されたとき，母平均・母標準偏差を図から読みとれ．

プラスα　――相関係数の推定・検定――

いままで"母相関係数 $= 0$"の検定(無相関検定)を扱いました．
"母相関係数 $\neq 0$"の場合は？　それは，次の事実を用います：

●**相関係数と z 変換**　母相関係数 $\neq 0$ の2次元正規母集団を考える．
標本相関係数の z 変換値は，近似的に，正規分布

$$N\left(\text{母相関係数の } z \text{ 変換値}, \frac{1}{\text{標本サイズ}-3}\right)$$

に従う．ただし，標本サイズ > 10 とする．

▶**注**　$x \longrightarrow \dfrac{1}{2}\log\dfrac{1+x}{1-x}$　$(-1 < x < 1)$　を，**z 変換**とよび，巻末に z 変換表があります．関数電卓やエクセルを利用してもよいでしょう．

●**母相関係数の信頼区間**　信頼度 95%，標本サイズ > 10．
母相関係数の z 変換値の信頼限界は，

$$\text{標本相関係数の } z \text{ 変換値} \pm \frac{1.96}{\sqrt{\text{標本サイズ}-3}}$$

これらの z 逆変換を考え，母相関係数の信頼区間を求めます．

●**母相関係数の検定**　有意水準 0.05，標本サイズ > 10

帰無仮説：母相関 $=$ 予想母相関

対立仮説	検定統計量・分布	棄却域
母相関 $>$ 予想母相関	$\dfrac{\text{別記}}{\dfrac{1}{\sqrt{\text{サイズ}-3}}}$ 別記：標本相関と予想母相関の z 変換値の差．$N(0,1)$	1.65 以上
母相関 $<$ 予想母相関		-1.65 以下
母相関 $\neq$ 予想母相関		-1.96 以下，1.96 以上

母相関，予想母相関は，それぞれ，母相関係数，予想母相関係数の略．
サイズは，標本サイズの略．

演習問題の解または略解

演習 1 （1）

階　　級	階級値	度　数	累積度数
144.5 ～ 148.5	146.5	1	1
148.5 ～ 152.5	150.5	3	4
152.5 ～ 156.5	154.5	12	16
156.5 ～ 160.5	158.5	18	34
160.5 ～ 164.5	162.5	10	44
164.5 ～ 168.5	166.5	4	48
168.5 ～ 172.5	170.5	2	50
計	—	50	—

（2）

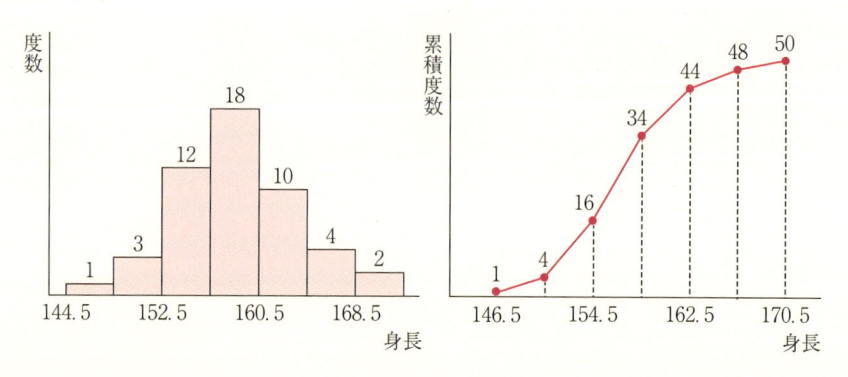

演習 2 （1）

階　級	階級値	度　数	累積度数
5 〜 15	10	10	10
15 〜 25	20	3	13
25 〜 35	30	2	15
35 〜 45	40	4	19
45 〜 55	50	6	25
55 〜 65	60	15	40
計	—	40	—

（2）　$\bar{x} = \dfrac{(10 \times 10) + (20 \times 3) + \cdots + (60 \times 15)}{40} = \dfrac{1580}{40} = 39.5$

（3）　$\tilde{x}$ を 20.5 番目と考える.

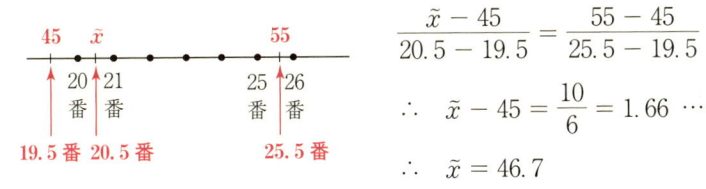

$\dfrac{\tilde{x} - 45}{20.5 - 19.5} = \dfrac{55 - 45}{25.5 - 19.5}$

$\therefore \ \tilde{x} - 45 = \dfrac{10}{6} = 1.66\cdots$

$\therefore \ \tilde{x} = 46.7$

（4）　モード $x_0 =$ 最大度数 15 の階級値 $= 60$

演習 3　（1）　平均 $\bar{x} = \dfrac{4 + 1 + \cdots + 6}{12} = \dfrac{60}{12} = 5$

（2）　小さいものから並べる：

1, 2, 2, 4, 4, 5, 5, 5, 6, 6, 7, 13

メディアン $=$ 中央の二つのメンバーの平均 $= \dfrac{5 + 5}{2} = 5$

（3）　分散 $= \dfrac{1}{12}\{(1-5)^2 + (2-5)^2 + \cdots + (13-5)^2\} = \dfrac{106}{12} = 8.83$

（4）　下半分 1, 2, 2, 4, 4, 5　のメディアン　$Q_1 = \dfrac{2+4}{2} = 3$

上半分 5, 5, 6, 6, 7, 13　のメディアン　$Q_3 = \dfrac{6+6}{2} = 6$

四分偏差 $= \dfrac{Q_3 - Q_1}{2} = \dfrac{6-3}{2} = 1.5$

演習 4

x	y	$x - \bar{x}$	$y - \bar{y}$	$(x - \bar{x})(y - \bar{y})$	$(x - \bar{x})^2$	$(y - \bar{y})^2$
2	7	-3	-1	3	9	1
4	8	-1	0	0	1	0
9	10	4	2	8	16	4
1	3	-4	-5	20	16	25
6	11	1	3	3	1	9
8	9	3	1	3	9	1
30	48	0	0	37	52	40

$$\bar{x} = \frac{30}{6} = 5, \quad \bar{y} = \frac{48}{6} = 8, \quad 共分散 = \frac{37}{6} = 6.17$$

$$x の分散 = \frac{52}{6} = 8.67, \quad y の分散 = \frac{40}{6} = 6.67$$

$$相関係数 = \frac{共分散}{\sqrt{(x の分散) \times (y の分散)}} = \frac{6.17}{\sqrt{8.67 \times 6.67}} = 0.81$$

演習 5 (1) (i)

X	1	2	3	4	5	6	計
P	$\frac{1}{6}$	$\frac{1}{6}$	$\frac{1}{6}$	$\frac{1}{6}$	$\frac{1}{6}$	$\frac{1}{6}$	1

(ii) 期待値 $= \left(1 \times \frac{1}{6}\right) + \left(2 \times \frac{1}{6}\right) + \cdots + \left(6 \times \frac{1}{6}\right) = \frac{7}{2} = 3.5$

(iii) 分 散 $=$ (平方の期待値) $-$ (期待値の平方)

$$= \left\{\left(1^2 \times \frac{1}{6}\right) + \left(2^2 \times \frac{1}{6}\right) + \cdots + \left(6^2 \times \frac{1}{6}\right)\right\} - \left(\frac{7}{2}\right)^2$$

$$= \frac{35}{12} = 2.92$$

(2) (i)

X	0	1	2	3	計
P	$\frac{1}{8}$	$\frac{3}{8}$	$\frac{3}{8}$	$\frac{1}{8}$	1

(ii) 期待値 $= \left(0 \times \frac{1}{8}\right) + \left(1 \times \frac{3}{8}\right) + \left(2 \times \frac{3}{8}\right) + \left(3 \times \frac{1}{8}\right) = \frac{3}{2} = 1.5$

（ⅱ）分　散 ＝（平方の期待値）−（期待値の平方）

$$= \left\{\left(0^2 \times \frac{1}{8}\right) + \left(1^2 \times \frac{3}{8}\right) + \left(2^2 \times \frac{3}{8}\right) + \left(3^2 \times \frac{1}{8}\right)\right\} - \left(\frac{3}{2}\right)^2$$

$$= 3 - (1.5)^2 = 0.75$$

（3）（ⅰ）

X	1	2	3	4	5	6	計
P	$\frac{11}{36}$	$\frac{9}{36}$	$\frac{7}{36}$	$\frac{5}{36}$	$\frac{3}{36}$	$\frac{1}{36}$	1

	⚀	⚁	⚂	⚃	⚄	⚅
⚀	1	1	1	1	1	1
⚁	1	2	2	2	2	2
⚂	1	2	3	3	3	3
⚃	1	2	3	4	4	4
⚄	1	2	3	4	5	5
⚅	1	2	3	4	5	6

（ⅱ）期待値 $= \left(1 \times \dfrac{11}{36}\right) + \left(2 \times \dfrac{9}{36}\right) + \left(3 \times \dfrac{7}{36}\right)$

$\qquad\qquad\qquad + \left(4 \times \dfrac{5}{36}\right) + \left(5 \times \dfrac{3}{36}\right) + \left(6 \times \dfrac{1}{36}\right) = \dfrac{91}{36} = 2.53$

（ⅲ）分　散 $= \left\{\left(1^2 \times \dfrac{11}{36}\right) + \left(2^2 \times \dfrac{9}{36}\right) + \left(3^2 \times \dfrac{7}{36}\right)\right.$

$\qquad\qquad\qquad \left. + \left(4^2 \times \dfrac{5}{36}\right) + \left(5^2 \times \dfrac{3}{36}\right) + \left(6^2 \times \dfrac{1}{36}\right)\right\} - \left(\dfrac{91}{36}\right)^2$

$\qquad\qquad = \dfrac{301}{36} - \left(\dfrac{91}{36}\right)^2 = \dfrac{2555}{1296} = 1.97$

演習 6　平均点：124.2 点　　標準偏差：42.1 点　として計算する．

（1）得点 X は，$N(124.2, (42.1)^2)$ に従うから．

$$Z = \frac{X - \text{平均点}}{\text{標準偏差}} = \frac{X - 124.2}{42.1} \text{ は，} N(0, 1) \text{ に従う．}$$

$P(100 \leqq X \leqq 140) = P\left(\dfrac{100 - 124.2}{42.1} \leqq \dfrac{X - 124.2}{42.1} \leqq \dfrac{140 - 124.2}{42.1}\right)$

$\qquad\qquad\qquad\quad = P(-0.57 \leqq Z \leqq 0.38)$

$\qquad\qquad\qquad\quad = I(0.57) + I(0.38)$

$\qquad\qquad\qquad\quad = 0.2157 + 0.1480 = 0.3637$

ゆえに，求める受験者数は，
$$519867 \times 0.3637 = 189075.6 \qquad \text{ほぼ，} 189{,}000 \text{人}$$

（2）上位 $\dfrac{100000}{519867} = 0.192$ （19.2%）より，

$0.5 - 0.192 = 0.308$. 正規分布表より，$I(0.87) = 0.3078$
したがって，
$$\frac{X - 124.2}{42.1} = 0.87 \qquad \therefore \quad X = 124.2 + 42.1 \times 0.87 = 160.8$$
ゆえに，上位 100,000 人目の得点は，ほぼ，160 点．

演習 7 表(オモテ)の出る回数 X は，$Bin\left(100, \dfrac{1}{2}\right)$ に従う．

試行回数 100 は大きいから，X はこの二項分布と同じ
$$\text{平均} = 100 \times \frac{1}{2} = 50, \qquad \text{分散} = 100 \times \frac{1}{2} \times \left(1 - \frac{1}{2}\right) = 25 = 5^2$$
の正規分布 $N(50, 5^2)$ に近似的に従う．

$55 \leqq X \leqq 60$ を**半整数補正**して，$55 - 0.5 \leqq X \leqq 60 + 0.5$
$$P(54.5 \leqq X \leqq 60.5) = P\left(\frac{54.5 - 50}{5} \leqq \frac{X - 50}{5} \leqq \frac{60.5 - 50}{5}\right)$$
$$= P(0.9 \leqq Z \leqq 2.1) = I(2.1) - I(0.9)$$
$$= 0.4821 - 0.3159 = 0.1662$$

演習 8 すべての標本と，その標本平均は，

(1, 1)	(1, 3)	(1, 3)	(1, 9)	1	2	2	5
(3, 1)	(3, 3)	(3, 3)	(3, 9)	2	3	3	6
(3, 1)	(3, 3)	(3, 3)	(3, 9)	2	3	3	6
(9, 1)	(9, 3)	(9, 3)	(9, 9)	5	6	6	9

標本平均の平均 $= \dfrac{1}{16}(1 + 2 + 2 + 5 + 2 + \cdots + 6 + 9) = \dfrac{1}{16} \times 64 = 4$

標本平均の分散 $= \dfrac{1}{16}\{(1-4)^2 + (2-4)^2 + (2-4)^2 + \cdots + (9-4)^2\}$
$$= \frac{1}{16} \times 72 = \frac{9}{2}$$

演習 9 （1） 標本平均 $= 6.65$

不偏分散 $= \dfrac{1}{9-1}\{(6.64-6.65)^2+(6.56-6.65)^2+\cdots+(6.60-6.65)^2\}$
$= 0.0027$

自由度 $= 9-1 = 8$, $t_8(0.025) = 2.31$

95% 信頼限界 $= 6.65 \pm 2.31 \times \sqrt{\dfrac{0.0027}{9}} = 6.65 \pm 2.31 \times 0.017$
$= 6.65 \pm 0.039$

$\therefore \quad 6.61 \leqq 母平均 \leqq 6.69$

（2） 95% 信頼限界 $= 6.65 \pm 1.96 \times \sqrt{\dfrac{0.002}{9}} = 6.65 \pm 1.96 \times 0.015$
$= 6.65 \pm 0.029$

$\therefore \quad 6.62 \leqq 母平均 \leqq 6.68$

演習 10 （1） 偏差平方和 $= 0.021$　　自由度 $= 9-1 = 8$

$\chi_8(0.025) = 17.53$, $\chi_8(0.975) = 2.18$

$\therefore \quad \dfrac{0.021}{17.53} \leqq 母分散 \leqq \dfrac{0.021}{2.18} \quad \therefore \quad 0.001 \leqq 母分散 \leqq 0.010$

（2） 標本比率 $= \dfrac{197}{520} = 0.38$, $1-標本比率 = 1-0.38 = 0.62$

95% 信頼限界 $= 0.38 \pm 1.96 \times \sqrt{\dfrac{0.38 \times 0.62}{520}}$

$= 0.38 \pm 1.96 \times 0.021 = 0.38 \pm 0.041 = \begin{cases} 0.43 \\ 0.33 \end{cases}$

$\therefore \quad 0.33 \leqq 母比率 \leqq 0.43$

演習 11 （1） 帰無仮説：母平均 $= 133.3$ （cm）

対立仮説：母平均 > 133.3 （右側検定）

標本サイズ $= 100$, 標本平均 $= 134.3$, 母分散 $= (5.2)^2$

検定統計量 $= \dfrac{134.3 - 133.3}{\sqrt{\dfrac{(5.2)^2}{100}}} = 1.92$　　**1.92**
　　　　　　　　　　　　　　　　　　　　　　1.65

帰無仮説は，棄却される．この都市の女子の平均身長は，全国平均より高いと考えられる．

（2）　帰無仮説：真の面積 = 6.29　　（ha）
　　　　対立仮説：真の面積 ≠ 6.29

標本平均 $= \dfrac{1}{5} \times (6.27 + 6.30 + \cdots + 6.32) = 6.24$

不偏分散 $= \dfrac{1}{5-1} \times \{(6.27 - 6.24)^2 + \cdots + (6.32 - 6.24)^2\} = 0.0074$

自由度 $= 5 - 1 = 4$, $t_4(0.025) = 2.78$

検定統計量 $= \dfrac{6.24 - 6.29}{\sqrt{\dfrac{0.0074}{5}}} = -1.32$

これは，棄却域に入っていないので，帰無仮説は棄却できない．

▶**注**　だからといって〝真の面積 = 6.29 ha〟が立証されたわけではありません．

演習12　（1）　帰無仮説：母分散 $= (2.6)^2$
　　　　　　　対立仮説：母分散 $> (2.6)^2$

自由度 $= 10 - 1 = 9$, $\chi^2_9(0.05) = 16.92$

標本平均 $= 146$　（cm）　　　　　　　　　◀正直に計算する

偏差平方和 $= (150 - 146)^2 + (141 - 146)^2 + \cdots + (141 - 146)^2 = 126$

検定統計量 $= \dfrac{偏差平方和}{予想分散} = \dfrac{126}{(2.6)^2} = 18.64$

これは，棄却域に入っているので，帰無仮説は棄却される．母分散は $(2.6\,\mathrm{cm})^2$ より大きいと考えられる．

（2）　帰無仮説：母比率 $= 0.5$
　　　　対立仮説：母比率 $\neq 0.5$

予想比率 $= 0.5$　　標本比率 $= \dfrac{327}{600} = 0.545$

検定統計量 $= \dfrac{0.545 - 0.500}{\sqrt{\dfrac{0.500 \times (1 - 0.500)}{600}}} = 2.22$

これは，棄却域に入っているので，帰無仮説は棄却される．コインは，異常と考えられる．

演習 13 （1） 　　帰無仮説 ： 母平均 A ＝ 母平均 B

　　　　　　　対立仮説 ： 母平均 A ≠ 母平均 B

自由度 $= 8 + 6 - 2 = 12$,　$t_{12}(0.025) = 2.18$

偏差平方和 A $=$ (標準偏差 A$)^2 \times$ (標本サイズ A) $= 18^2 \times 8 = 2592$

偏差平方和 B $=$ (標準偏差 B$)^2 \times$ (標本サイズ B) $= 15^2 \times 6 = 1350$

不偏分散 $= \dfrac{2592 + 1350}{(8-1)+(6-1)} = \dfrac{3942}{12}$

検定統計量 $= \dfrac{220 - 235}{\sqrt{\left(\dfrac{1}{8} + \dfrac{1}{6}\right) \times \dfrac{3942}{12}}} = -1.53$

これは，棄却域に入っていないので，帰無仮説は棄却されない．結論が得られない．

（2） 　　帰無仮説 ： 母比率 A ＝ 母比率 B

　　　　対立仮説 ： 母比率 A ＞ 母比率 B

標本比率 $= \dfrac{(0.32 \times 200) + (0.23 \times 150)}{200 + 150} = 0.281$

検定統計量 $= \dfrac{0.32 - 0.23}{\sqrt{\left(\dfrac{1}{200} + \dfrac{1}{150}\right) \times 0.281 \times (1 - 0.281)}} = 1.85$

これは，棄却域に入っているので，帰無仮説は棄却される．母集団 A の方が母比率が高いと考えてよい．

演習 14 （1） 　　帰無仮説：サイコロは正常である

　　　　　　　対立仮説：サイコロは正常ではない

帰無仮説より，どの目の出る回数の期待値も，$300 \times 1/6 = 50$ （回）

　　　　　自由度 $= 6 - 1 = 5$,　$\chi^2_5(0.05) = 11.07$

目の種類	⚀	⚁	⚂	⚃	⚄	⚅	計
出現回数	57	48	64	51	39	41	300
理論回数	50	50	50	50	50	50	300

$$検定統計量 = \frac{(57-50)^2}{50} + \frac{(48-50)^2}{50} + \frac{(64-50)^2}{50}$$
$$+ \frac{(51-50)^2}{50} + \frac{(39-50)^2}{50} + \frac{(41-50)^2}{50} = 9.04$$

これは,棄却域に入らないので,帰無仮説は棄却されない.サイコロは,正常でないとはいえない.

9.04
11.07

(2) 帰無仮説 : 姉妹のあいだに性格の関連がない
　　　対立仮説 : 姉妹のあいだに性格の関連がある

帰無仮説の下で,次の表を得る:

（実現値）

	内	温	外	計
内	17	29	14	60
温	20	62	38	120
外	11	29	20	60
計	48	120	72	240

（理論値）

	内	温	外	計
内	12	30	18	60
温	24	60	36	120
外	12	30	18	60
計	48	120	72	240

このとき,

$$検定統計量実現値 = \frac{(17-12)^2}{12} + \frac{(29-30)^2}{30} + \frac{(14-18)^2}{18}$$
$$+ \frac{(20-24)^2}{24} + \frac{(62-60)^2}{60} + \frac{(38-36)^2}{36}$$
$$+ \frac{(11-12)^2}{12} + \frac{(29-30)^2}{30} + \frac{(20-18)^2}{18} = 4.19$$

これは棄却域に入らない.帰無仮説は棄却されない.姉妹のあいだに性格の関連があるとはいえない.

4.19
15.51

演習 15 （1） 検定統計量実現値 $= \dfrac{\sqrt{50-2} \times 0.21}{\sqrt{1-(0.21)^2}} = 1.49$

これは,棄却域に入っていないので帰無仮説は棄却されない.両科目の成績に**相関があるとはいえない**.

1.49
1.96

（2）　　(29, 3), (39, 17), (49, 37), (59, 76), (69, 92), (79, 98)
を正規確率紙上にプロットすると，ほぼ一直線上にあるので，目分量で直線を引き，50％ライン，84％ラインとの交点の x 座標から（図略）．

平均 $= 53$, 標準偏差 $= 13$　（点）

乱 数 表

90577 76957	11340 29273	85708 99846	57458 96198	80281 15441
16907 19380	07357 52526	36632 80735	17004 52109	81297 49370
49132 65491	36542 79270	71483 45705	80636 54179	47573 72851
86615 21706	81472 07439	24326 94448	46510 30314	87237 17732
33848 72637	02536 87301	99219 70505	16243 44336	18399 77514
28757 86194	67692 98884	70514 49291	67084 57760	10321 03488
48515 91931	38449 84693	32729 80957	18674 47561	76386 63222
48444 12502	24198 18256	72121 87744	08462 17483	12374 05542
60520 23162	92152 87938	31099 55643	03236 62799	94553 41882
78482 76854	51643 47407	48634 56935	66571 91446	20243 03086
10394 20021	98067 07271	11515 98020	59971 63493	16923 87712
62467 24531	50313 76731	13596 49025	16534 23006	25813 14431
60619 90867	34300 79006	31250 75721	96510 09163	05643 60825
34391 63942	67578 22132	90018 31401	62779 61074	61043 30588
70013 17803	43782 46643	22552 88328	03680 98663	91147 61850
09239 07664	54709 03385	09399 10237	55944 12153	20314 15691
75107 83527	90937 81529	88501 72374	72493 78280	28084 75565
72020 67665	17642 39529	19100 92050	74470 85938	15653 62502
78960 26840	53602 61234	66119 61551	94461 13711	66764 91263
93847 62153	28128 20593	41343 71341	75373 11270	99657 25042
42850 43202	55336 94586	79683 33171	14144 57721	54102 53524
86626 63034	39181 17971	30804 16013	29554 82832	21880 56111
59254 97332	80248 28738	11692 67471	70992 54478	36551 68174
44953 02918	91856 59223	95947 51277	28785 11781	26399 92596
54266 75049	92379 45916	70656 45983	66213 90311	00855 16969
64484 03378	19051 24129	37186 83461	31500 59336	91256 33205
64902 35175	23219 07633	57385 46142	59320 90387	29304 53714
06822 55184	79010 90104	57112 56527	10361 74333	29775 32560
84998 77465	65942 51885	40779 55806	17442 68407	93609 79192
93450 63788	70651 38011	99893 47960	96293 22978	58218 00365
76097 93324	57516 40496	15956 64381	70273 66609	29520 46897
21347 70415	49916 35355	14033 83057	89493 03498	98039 14021
74970 70604	73870 55128	50606 16704	66612 90143	53886 34434
08654 77391	52199 03735	48199 19231	64096 33490	94148 38453
04011 33195	58741 28941	51744 21390	46729 56742	77947 33757
91539 68211	64980 62247	99794 19493	94171 85740	23359 12190
74202 38414	48427 88347	28815 01312	73776 47381	07303 45688
81049 16457	49314 00844	03282 10740	95319 15822	50012 66631
31739 07957	82067 67715	35547 02104	07705 15902	62315 42331
42672 77597	89458 88408	44731 53105	97459 55656	48216 04159
12033 50107	82192 22106	41154 29998	38784 79965	06951 63955
41783 82867	72476 81345	50171 93474	72375 45731	55573 76041
04567 09411	29368 44955	19855 56892	34563 06215	44914 89002
93494 96200	86510 64160	15271 43877	73505 92280	05148 36568
50488 31992	14276 03903	70263 08403	68564 41715	20786 21336

標準正規分布表

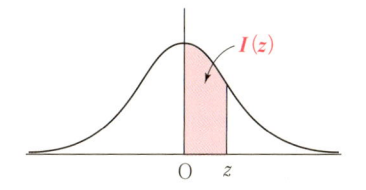

$z \longrightarrow I(z)$

z	0.00	0.01	0.02	0.03	0.04	0.05	0.06	0.07	0.08	0.09
0.0	0.0000	0.0040	0.0080	0.0120	0.0160	0.0199	0.0239	0.0279	0.0319	0.0359
0.1	.0398	.0438	.0478	.0517	.0557	.0596	.0636	.0675	.0714	.0754
0.2	.0793	.0832	.0871	.0910	.1948	.0987	.1026	.1064	.1103	.1141
0.3	.1179	.1217	.1255	.1293	.1331	.1368	.1406	.1443	.1480	.1517
0.4	.1554	.1591	.1628	.1664	.1700	.1736	.1772	.1808	.1844	.1879
0.5	.1915	.1950	.1985	.2019	.2054	.2088	.2123	.2157	.2190	.2224
0.6	.2258	.2291	.2324	.2357	.2389	.2422	.2454	.2486	.2518	.2549
0.7	.2580	.2612	.2642	.2673	.2704	.2734	.2764	.2794	.2823	.2852
0.8	.2881	.2910	.2939	.2967	.2996	.3023	.3051	.3078	.3106	.3133
0.9	.3159	.3186	.3212	.3238	.3264	.3289	.3315	.3340	.3365	.3389
1.0	.3413	.3438	.3461	.3485	.3508	.3531	.3554	.3577	.3599	.3621
1.1	.3643	.3665	.3686	.3708	.3729	.3749	.3770	.3790	.3810	.3830
1.2	.3849	.3869	.3888	.3907	.3925	.3944	.3962	.3980	.3997	.4015
1.3	.4032	.4049	.4066	.4082	.4099	.4115	.4131	.4147	.4162	.4177
1.4	.4192	.4207	.4222	.4236	.4251	.4265	.4279	.4292	.4306	.4319
1.5	.4332	.4345	.4357	.4370	.4382	.4394	.4406	.4418	.4429	.4441
1.6	.4452	.4463	.4474	.4484	.4495	.4505	.4515	.4525	.4535	.4545
1.7	.4554	.4564	.4573	.4582	.4591	.4599	.4608	.4616	.4625	.4633
1.8	.4641	.4649	.4656	.4664	.4671	.4678	.4686	.4693	.4699	.4706
1.9	.4713	.4719	.4726	.4732	.4738	.4744	.4750	.4756	.4761	.4767
2.0	.4772	.4778	.4783	.4788	.4793	.4798	.4803	.4808	.4812	.4817
2.1	.4821	.4826	.4830	.4834	.4838	.4842	.4846	.4850	.4854	.4857
2.2	.4861	.4864	.4868	.4871	.4875	.4878	.4881	.4884	.4887	.4890
2.3	.4893	.4896	.4898	.4901	.4904	.4906	.4909	.4911	.4913	.4916
2.4	.4918	.4920	.4922	.4925	.4927	.4929	.4931	.4932	.4934	.4936
2.5	.4938	.4940	.4941	.4943	.4945	.4946	.4948	.4949	.4951	.4952
2.6	.4953	.4955	.4956	.4957	.4959	.4960	.4961	.4962	.4963	.4964
2.7	.4965	.4966	.4967	.4968	.4969	.4970	.4971	.4972	.4973	.4974
2.8	.4974	.4975	.4976	.4977	.4977	.4978	.4979	.4979	.4980	.4981
2.9	.4981	.4982	.4982	.4983	.4984	.4984	.4985	.4985	.4986	.4986
3.0	.4987	.4987	.4987	.4988	.4988	.4989	.4989	.4989	.4990	.4990
3.1	.4990	.4991	.4991	.4991	.4992	.4992	.4992	.4992	.4993	.4993
3.2	.4993	.4993	.4994	.4994	.4994	.4994	.4994	.4995	.4995	.4995
3.3	.4995	.4995	.4995	.4996	.4996	.4996	.4996	.4996	.4996	.4997
3.4	.4997	.4997	.4997	.4997	.4997	.4997	.4997	.4997	.4997	.4998
3.5	.4998	.4998	.4998	.4998	.4998	.4998	.4998	.4998	.4998	.4998
3.6	.4998	.4998	.4999	.4999	.4999	.4999	.4999	.4999	.4999	.4999
3.7	.4999	.4999	.4999	.4999	.4999	.4999	.4999	.4999	.4999	.4999

t 分布のパーセント点

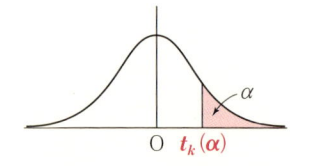

$\alpha \longrightarrow t_k(\alpha)$

k \ α	0.100	0.050	0.025	0.010	0.005
1	3.078	6.314	12.706	31.821	63.657
2	1.886	2.920	4.303	6.965	9.925
3	1.638	2.353	3.182	4.541	5.841
4	1.533	2.132	2.776	3.747	4.604
5	1.476	2.015	2.571	3.365	4.032
6	1.440	1.943	2.447	3.143	3.707
7	1.415	1.895	2.365	2.998	3.499
8	1.397	1.860	2.306	2.896	3.355
9	1.383	1.833	2.262	2.821	3.250
10	1.372	1.812	2.228	2.764	3.169
11	1.363	1.796	2.201	2.718	3.106
12	1.356	1.782	2.179	2.681	3.055
13	1.350	1.771	2.160	2.650	3.012
14	1.345	1.761	2.145	2.624	2.977
15	1.341	1.753	2.131	2.602	2.947
16	1.337	1.746	2.120	2.583	2.921
17	1.333	1.740	2.110	2.567	2.898
18	1.330	1.734	2.101	2.552	2.878
19	1.328	1.729	2.093	2.539	2.861
20	1.325	1.725	2.086	2.528	2.845
21	1.323	1.721	2.080	2.518	2.831
22	1.321	1.717	2.074	2.508	2.819
23	1.319	1.714	2.069	2.500	2.807
24	1.318	1.711	2.064	2.492	2.797
25	1.316	1.708	2.060	2.485	2.787
26	1.315	1.706	2.056	2.479	2.779
27	1.314	1.703	2.052	2.473	2.771
28	1.313	1.701	2.048	2.467	2.763
29	1.311	1.699	2.045	2.462	2.756
30	1.310	1.697	2.042	2.457	2.750
31	1.309	1.696	2.040	2.453	2.744
32	1.309	1.694	2.037	2.449	2.738
33	1.308	1.692	2.035	2.445	2.733
34	1.307	1.691	2.032	2.441	2.728
35	1.306	1.690	2.030	2.438	2.724
40	1.303	1.684	2.021	2.423	2.704
60	1.296	1.671	2.000	2.390	2.660
120	1.289	1.658	1.980	2.358	2.617
∞	1.282	1.645	1.960	2.326	2.576

χ^2 分布のパーセント点

$\alpha \longrightarrow \chi_k^2(\alpha)$

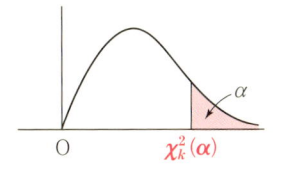

k \ α	0.995	0.990	0.975	0.950	0.500	0.050	0.025	0.010	0.005
1	0.0⁴39	0.0³16	0.0³98	0.004	0.455	3.84	5.02	6.63	7.88
2	0.010	0.020	0.051	0.103	1.386	5.99	7.38	9.21	10.60
3	0.072	0.115	0.216	0.352	2.366	7.81	9.35	11.34	12.84
4	0.207	0.297	0.484	0.711	3.357	9.49	11.14	13.28	14.86
5	0.412	0.554	0.831	1.145	4.351	11.07	12.83	15.08	16.75
6	0.676	0.872	1.237	1.635	5.348	12.59	14.45	16.81	18.55
7	0.989	1.239	1.690	2.167	6.346	14.07	16.01	18.48	20.28
8	1.344	1.646	2.18	2.73	7.34	15.51	17.53	20.1	22.0
9	1.736	2.09	2.70	3.33	8.34	16.92	19.02	21.7	23.6
10	2.16	2.56	3.25	3.94	9.34	18.31	20.5	23.2	25.2
11	2.60	3.05	3.82	4.57	10.34	19.68	21.9	24.7	26.7
12	3.07	3.57	4.40	5.23	11.34	21.0	23.3	26.2	28.3
13	3.57	4.11	5.01	5.89	12.34	22.4	24.7	27.7	29.3
14	4.07	4.66	5.63	6.57	13.34	23.7	26.1	29.1	31.3
15	4.60	5.23	6.26	7.26	14.34	25.0	27.5	30.6	32.8
16	5.14	5.81	6.91	7.96	15.34	26.3	28.8	32.0	34.3
17	5.70	6.41	7.56	8.67	16.34	27.6	30.2	33.4	35.7
18	6.26	7.01	8.23	9.39	17.34	28.9	31.5	34.8	37.2
19	6.84	7.63	8.91	10.12	18.34	30.1	32.9	36.2	38.6
20	7.43	8.26	9.59	10.85	19.34	31.4	34.2	37.6	40.0
21	8.03	8.90	10.28	11.59	20.34	32.7	35.5	38.9	41.4
22	8.64	9.54	10.98	12.34	21.34	33.9	36.8	40.3	42.8
23	9.26	10.20	11.69	13.09	22.34	35.2	38.1	41.6	44.2
24	9.89	10.86	12.40	13.85	23.34	36.4	39.4	43.0	45.6
25	10.52	11.52	13.12	14.61	24.34	37.7	40.6	44.3	46.9
26	11.16	12.20	13.84	15.38	25.34	38.9	41.9	45.6	48.3
27	11.81	12.88	14.57	16.15	26.34	40.1	43.2	47.0	49.3
28	12.46	13.56	15.31	16.93	27.34	41.3	44.5	48.3	51.0
29	13.12	14.26	16.05	17.71	28.34	42.6	45.7	49.6	52.3
30	13.79	14.95	16.79	18.49	29.34	43.8	47.0	50.9	53.7
40	20.7	22.2	24.4	26.5	39.34	55.8	59.3	63.7	66.8
50	28.0	29.7	32.4	34.8	49.33	67.5	71.4	76.2	79.5
60	35.7	37.5	40.5	43.2	59.33	79.1	83.3	88.4	92.0
120	83.9	86.9	91.6	95.7	119.3	146.6	152.2	159.0	163.6
240	187.3	192.0	199.0	205.1	239.3	277.1	284.8	293.9	300.2

▶注　たとえば，0.0⁴39 = 0.0000039

z 変換表・1 $\quad x \longrightarrow z = \dfrac{1}{2}\log\dfrac{1+x}{1-x}$

x	0.00	0.01	0.02	0.03	0.04	0.05	0.06	0.07	0.08	0.09
0.0	0.000	0.010	0.020	0.030	0.040	0.050	0.060	0.070	0.080	0.090
0.1	0.100	0.110	0.121	0.131	0.141	0.151	0.161	0.172	0.182	0.192
0.2	0.203	0.213	0.224	0.234	0.245	0.255	0.266	0.277	0.288	0.299
0.3	0.310	0.321	0.332	0.343	0.354	0.365	0.377	0.388	0.400	0.412
0.4	0.424	0.436	0.448	0.460	0.472	0.485	0.497	0.510	0.523	0.536
0.5	0.549	0.563	0.576	0.590	0.604	0.618	0.633	0.648	0.662	0.678
0.6	0.693	0.709	0.725	0.741	0.758	0.775	0.793	0.811	0.829	0.848
0.7	0.867	0.887	0.908	0.929	0.950	0.973	0.996	1.020	1.045	1.071
0.8	1.099	1.127	1.157	1.188	1.221	1.256	1.293	1.333	1.376	1.422
0.9	1.472	1.528	1.589	1.658	1.738	1.832	1.946	2.092	2.298	2.647

z 変換表・2 $\quad z = \dfrac{1}{2}\log\dfrac{1+x}{1-x} \longrightarrow x$

z	0.00	0.01	0.02	0.03	0.04	0.05	0.06	0.07	0.08	0.09
0.0	0.000	0.010	0.020	0.030	0.040	0.050	0.060	0.070	0.080	0.090
0.1	.100	.110	.119	.129	.139	.149	.159	.168	.178	.187
0.2	.197	.207	.216	.226	.236	.245	.254	.264	.273	.282
0.3	.291	.300	.310	.319	.327	.336	.345	.354	.363	.371
0.4	.380	.389	.397	.405	.414	.422	.430	.438	.446	.454
0.5	.462	.470	.478	.485	.493	.500	.508	.515	.523	.530
0.6	.537	.544	.551	.558	.565	.572	.578	.585	.592	.598
0.7	.604	.611	.617	.623	.629	.635	.641	.647	.653	.658
0.8	.664	.670	.675	.680	.686	.691	.696	.701	.706	.711
0.9	.716	.721	.726	.731	.735	.740	.744	.749	.753	.757
1.0	.762	.766	.770	.774	.778	.782	.786	.790	.793	.797
1.1	.800	.804	.808	.811	.814	.818	.821	.824	.828	.831
1.2	.834	.837	.840	.843	.846	.848	.851	.854	.856	.859
1.3	.862	.864	.867	.869	.872	.874	.876	.879	.881	.883
1.4	.885	.888	.890	.892	.894	.896	.898	.900	.902	.903
1.5	.905	.907	.909	.910	.912	.914	.915	.917	.919	.920
1.6	.922	.923	.925	.926	.928	.929	.930	.932	.933	.934
1.7	.935	.937	.938	.939	.940	.941	.942	.944	.945	.946
1.8	.947	.948	.949	.950	.951	.952	.953	.954	.954	.955
1.9	.956	.957	.958	.959	.960	.960	.961	.962	.963	.963
2.0	.964	.965	.965	.966	.967	.967	.968	.969	.969	.970
2.1	.970	.971	.972	.972	.973	.973	.974	.974	.975	.975
2.2	.976	.976	.977	.977	.978	.978	.978	.979	.979	.980
2.3	.980	.980	.981	.981	.982	.982	.982	.983	.983	.983
2.4	.984	.984	.984	.985	.985	.985	.986	.986	.986	.986
2.5	.987	.987	.987	.987	.988	.988	.988	.988	.989	.989
2.6	.989	.989	.989	.990	.990	.990	.990	.991	.991	.991
2.7	.991	.991	.991	.992	.992	.992	.992	.992	.992	.992

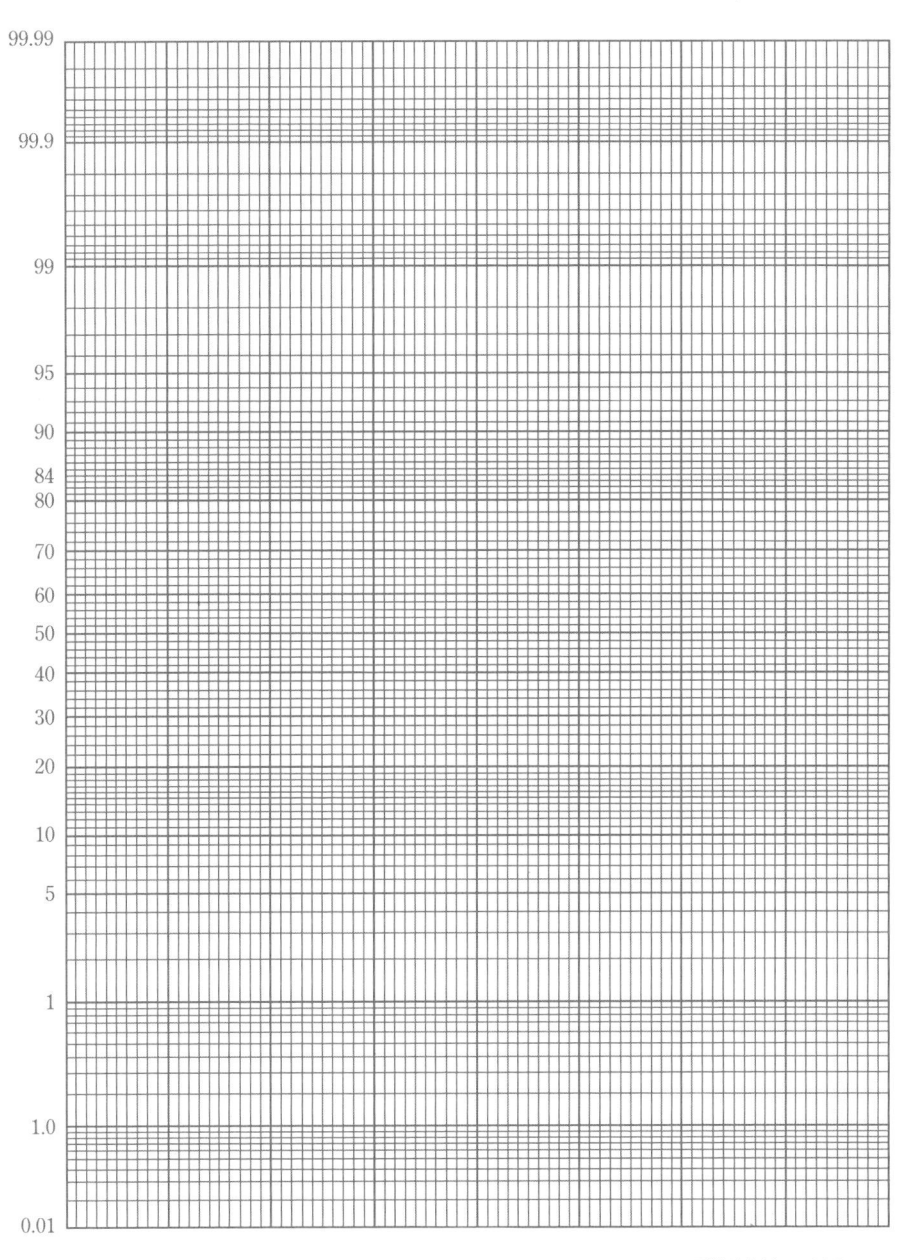

正 規 確 率 紙

正規確率紙

索引 ●●●●●● index

う・え

上側信頼限界	61
L字型（分布）	36

か

階級・階級値	3
カイ二乗分布	68
確率分布	29
確率変数	29
確率密度曲線	29
仮説検定	74
片側検定	77

き・く・け

棄却域	77
危険率	76
期待値	30
帰無仮説	74
共分散	21
区間推定	60
検定	74
——統計量	77

さ・し・す

サイズ（データ——）	2
（標本——）	53
散布図	20
四分偏差	18
自由度	65
信頼区間・信頼限界	61
スタージェスの公式	4

せ・そ

正規確率紙	105
正規曲線・正規分布	37
z変換	109
全数調査	52
相関係数	21
相関図	20

た・ち

第一(二)種の誤り	76
大数の法則	49
対立仮説	74
チェビシェフの定理	18
中央値	10
中心極限定理	60

て・と

データ	2

t 分布	63, 67
適合度の検定	97
統　計	5
独　立	33
独立性の検定	98
度　数	2
——分布表, ——分布折れ線	4

な・に

並み数	11
二項分布	44

は・ひ

パラメータ	53
範　囲	3
半整数補正	46
ヒストグラム	4
左側検定	77
標準化（正規分布の）	40
標準正規分布	39
標準偏差	15, 32
標本	53
——抽出	53
——調査	52
——分散	63
——平均	57

ふ・へ・ほ

不偏分散	63
分　散	15, 32
平均（値）	9, 30
母集団	52
母比率	72
母分散	53, 70
母平均	53

み・む・め・も

右側検定	77
無作為抽出	53
無相関	20
——検定	102
メディアン	10
モード	11

ゆ

有意差検定	88, 91
有意水準	75
U 字型（分布）	36

ら・り・る・れ

ラプラスの定理	46
乱　数	54
離散的確率変数	29
両側検定	77
累積度数	3
——折れ線	4
レンジ	3
連続的確率変数	29

文献 ●●●●●● この本を書くときに参考にした本

この本を書くとき，何らかの形で，直接または間接に参考にした本の一部（私の本も含めて）を記しておきます．著者の先生方に，心よりお礼を申し上げます．

[1] 吉村　功「平均 順位 偏差値」岩波書店　1984
[2] 和田秀三「確率統計の基礎」サイエンス社　1985
[3] 郡山彬・和泉澤正隆「統計・確率のしくみ」日本実業出版社　1997
[4] 前野昌弘・三國彰「図解でわかる統計解析」日本実業出版社　2000
[5] 小寺平治「ゼロから学ぶ統計解析」講談社　2002
[6] 石村園子「やさしく学べる統計学」共立出版　2006

著者紹介

小寺　平治（こでら　へいぢ）

　　1940年，東京生まれ．東京教育大学理学部数学科卒．同大学院博士課程を経て，愛知教育大学助教授・同教授を歴任．愛知教育大学名誉教授．専門は数学基礎論・数理哲学．
　　著書に「ゼロから学ぶ統計解析」「なっとくする微分方程式」「はじめての微分積分15講」「はじめての線形代数15講」（以上，講談社），「明解演習 微分積分」「テキスト 複素解析」（以上，共立出版），「新統計入門」（裳華房），など多数．

NDC417　134p　21cm

はじめての統計15講（とうけい・こう）

2012年7月10日　第1刷発行
2024年4月18日　第15刷発行

著　者	小寺　平治（こでら　へいぢ）
発行者	森田浩章
発行所	株式会社　講談社

KODANSHA

〒112-8001　東京都文京区音羽2-12-21
　　　販売　(03)5395-4415
　　　業務　(03)5395-3615

編　集　株式会社　講談社サイエンティフィク
　　　　代表　堀越俊一
〒162-0825　東京都新宿区神楽坂2-14　ノービィビル
　　　編集　(03)3235-3701

印刷所　株式会社平河工業社
製本所　株式会社国宝社

落丁本・乱丁本は購入書店名を明記の上，講談社業務宛にお送りください．送料小社負担でお取替えいたします．なお，この本の内容についてのお問い合わせは講談社サイエンティフィク宛にお願いいたします．定価はカバーに表示してあります．
© Heiji Kodera, 2012

本書のコピー，スキャン，デジタル化等の無断複製は著作権法上での例外を除き禁じられています．本書を代行業者等の第三者に依頼してスキャンやデジタル化することはたとえ個人や家庭内の利用でも著作権法違反です．

JCOPY　＜(社)出版者著作権管理機構　委託出版物＞

複写される場合は，その都度事前に（社）出版者著作権管理機構（電話 03-5244-5088，FAX 03-5244-5089，e-mail: info@jcopy.or.jp）の許諾を得てください．

Printed in Japan
ISBN978-4-06-156501-2

平治親分の大好評教科書

はじめての統計15講
小寺 平治・著
A5・2色刷り・134頁・定価2,200円

よくわかる——これが、この本のモットーです。
ムズカシイ数学は不要（いり）ません。加減乗除と$\sqrt{\ }$だけで十分です。しかし、この本は単なるマニュアル本ではありません。難しい証明はありませんが、統計学を一つのストーリーとして読んでいただけるように努めました。

はじめての微分積分15講
小寺 平治・著
A5・4色刷り・174頁・定価2,420円

丁寧な解説と珠玉の例題で 1変数の微分積分から多変数の微分積分まで 大学の微分積分を完全マスター！ 1日1章で15日で終わる！ 半期の授業（15回）の教科書に絶好！オールカラー

はじめての線形代数15講
小寺 平治・著
A5・4色刷り・172頁・定価2,420円

線形代数に登場する諸概念や手法のroots・motivationを大切にし、基礎事項の解説とその数値的具体例を項目ごとにまとめました。よくわかることがモットーです。大学1年生の教科書としても参考書としても最適です。

なっとくする微分方程式
小寺 平治・著
A5・262頁・定価2,970円

微分方程式のルーツともいえる変数分離形に始まって、ハイライトとなる線形微分方程式、何かと頼りになる級数解法、さらに工学的に広く用いられるラプラス変換の偉力までを、筋を追ってわかりやすく説明しました。

ゼロから学ぶ統計解析
小寺 平治・著
A5・222頁・定価2,750円

天下り的な記述ではなく、統計学の諸概念と手法を、rootsとmotivationを大切にわかりやすく解説。学会誌でも絶賛の楽しく、爽やかなベストセラー入門書。

※表示価格には消費税（10%）が加算されています。

2022年1月現在

講談社サイエンティフィク https://www.kspub.co.jp/